全国中等职业学校
课程改革规划新教材

Zhiye Suyang
职业素养

主　编　杨　萍

副主编　梁　艳

主　审　周　萍

人民交通出版社股份有限公司

China Communications Press Co.,Ltd.

内 容 提 要

本书是全国中等职业学校课程改革规划新教材之一。其主要内容包括职业素养概述、职业价值观、职场礼仪、职场沟通、团队协作、情绪管理、时间管理、创新与创业八个模块。

本书可作为中等职业学校学生的基础课教材,也可供相关教师及学生参考使用。

图书在版编目(CIP)数据

职业素养 / 杨萍主编. —北京:人民交通出版社股份有限公司,2017.9
全国中等职业学校课程改革规划新教材
ISBN 978-7-114-14132-4

Ⅰ. ①职… Ⅱ. ①杨… Ⅲ. ①职业道德—中等专业学校—教材 Ⅳ. ①B822.9

中国版本图书馆 CIP 数据核字(2017)第 213748 号

全国中等职业学校课程改革规划新教材

书　　名:	职业素养
著 作 者:	杨　萍
责任编辑:	戴慧莉
出版发行:	人民交通出版社股份有限公司
地　　址:	(100011)北京市朝阳区安定门外外馆斜街 3 号
网　　址:	http://www.ccpress.com.cn
销售电话:	(010)59757973
总 经 销:	人民交通出版社股份有限公司发行部
经　　销:	各地新华书店
印　　刷:	北京市密东印刷有限公司
开　　本:	787×1092　1/16
印　　张:	8
字　　数:	158 千
版　　次:	2017 年 9 月　第 1 版
印　　次:	2018 年 1 月　第 2 次印刷
书　　号:	ISBN 978-7-114-14132-4
定　　价:	20.00 元

(有印刷、装订质量问题的图书由本公司负责调换)

前　言

职业素养对于职业学校的学生而言非常重要。尤其是中职学生,三年的校园学习后就要步入社会,良好的职业素养,可以提高他们适应工作、适应社会的能力。同时,为了落实教育部提出的"针对中等职业院校学生的特点,培养学生的社会适应性,教育学生树立终身学习理念,提高学习能力,学会交流沟通和团队协作,提高学生的实践能力、创造能力、就业能力和创业能力"的精神,组织相关教师,编写了面向中职学生的集实用性和可操作性为一体的《职业素养》教材。

本教材包括职业素养概述、职业价值观、职场礼仪、职场沟通、团队协作、情绪管理、时间管理、创新与创业八个模块。本教材立足于中职学生的实际情况,语言通俗易懂,内容丰富有趣。每个模块除了知识要点、案例故事内容外,还有精心设计的各类活动体验,希望能彻底改变传统课程教学中"以教师为中心、以知识为本位、以讲授为途径、以考试为终点"的固有模式,真正贯彻"以学生为中心、以能力素质为本位、以探究为途径、以综合考评为结果"的教学理念,使学生能根据自己的兴趣爱好和专业特色,明确自己作为职业人应具备的能力和素质,通过亲身体验去主动验证所学理论,培养职业所需各种能力和素质。

本教材由四川交通运输职业学校杨萍担任主编,梁艳担任副主编,周萍担任主审。参加编写的还有熊忖、王晓燕、舒平、凤龙、陈福月。本书在编写过程中,参考了大量的文献资料,在此向文献作者表示诚挚的感谢!

为了进一步提高本书质量,欢迎广大读者和专家提出意见和建议。

编　者

2017 年 5 月

目 录

模块一　职业素养概述 ……………………………………………………… 1
　项目一　职业素养及其构成 …………………………………………………… 1
　项目二　中职学生职业素养养成 ……………………………………………… 6
　模块总结 ………………………………………………………………………… 12
　拓展训练 ………………………………………………………………………… 13

模块二　职业价值观 …………………………………………………………… 14
　项目一　职业价值观与职业生涯发展 ………………………………………… 14
　项目二　职业价值观养成 ……………………………………………………… 20
　模块总结 ………………………………………………………………………… 28
　拓展训练 ………………………………………………………………………… 28

模块三　职场礼仪 ……………………………………………………………… 31
　项目一　个人形象篇 …………………………………………………………… 31
　项目二　职场交往篇 …………………………………………………………… 38
　模块总结 ………………………………………………………………………… 49
　拓展训练 ………………………………………………………………………… 50

模块四　职场沟通 ……………………………………………………………… 51
　项目一　职场沟通的必要性 …………………………………………………… 52
　项目二　职场沟通的方法和技巧 ……………………………………………… 58
　模块总结 ………………………………………………………………………… 63
　拓展训练 ………………………………………………………………………… 63

模块五　团队协作··········64
项目一　团队协作的重要性和方法　64
项目二　沟通冲突与冲突危机处理　68
模块总结　75
拓展训练　75

模块六　情绪管理··········76
项目一　了解情绪　76
项目二　管理情绪　83
模块总结　88
拓展训练　88

模块七　时间管理··········89
项目一　认识时间管理　89
项目二　学会时间管理　93
模块总结　99
拓展训练　99

模块八　创新与创业··········100
项目一　创新　100
项目二　创业　109
模块总结　116
拓展练习　116

附录一　创业者素质评估表··········117
附录二　国际标准情商测试题··········118
参考文献··········121

模块一　职业素养概述

调查显示,现代企业和市场选择人才时看中的不仅是学生拥有的证书,更看重其个人基本素质、基本职业技能及职业精神三大方面,即较高的职业素养。在个人基本素质方面,企业希望学生提高心理健康素质。在基本职业技能方面,企业认为学生应具备必要的专业知识和技能。在职业精神方面,用人单位尤其希望学生具有认真负责、恪尽职守的敬业精神;以德为本、诚实守信的诚信精神;与时俱进、积极进取的创新精神;无私无畏、敢冒风险的奉献精神;刻苦钻研、顽强拼搏的学习精神;顾全大局、团结协作的合作精神。

> **学习任务**
> 1. 了解职业素养的构成。
> 2. 掌握中职学生应具备的基本职业素养。
> 3. 掌握提高中职学生的职业素养的途径和方法。

项目一　职业素养及其构成

上海市一家民营企业,其员工基本上都是王先生亲自招聘的。王先生给刚出校门的学生的月薪一般为1500元,但他表示,这一工资数目并不代表对求职者现有能力的评价,更不代表对其今后能力的评价,而仅仅代表企业提供的这个岗位的"价码"。王先生面试过的不少大学生,对于"愿在基层工作几年"的提问,很多人回答"干几个月",有些人甚至答"几个星期"。王先生说,这些求职者没有专业经历,却想一来就干主管及以上的岗位。"其实我的初衷是将他们当主管、部门经理中层干部来培养的,可他们不愿从基层起步"。这一方面说明求职者对自己缺乏正确的定位,尚未意识到自身的差距,另一方面也说明他们缺乏自信,生怕被一直安排在基层岗位上。事实上,许多民营企业老板或中高层管理人员自己就是从最基层的岗位上干出来的。

(1)分析自己,给自己定位,找到适合自己的位置。
(2)被拒绝了该怎么办?
(3)当生存成问题时还要挑别吗?应该怎么做?

知识要点

一、职业素养的含义

职业素养至少包含两个重要因素,即敬业精神和合作态度,体现在职场上就是职业素养,体现在生活中就是个人素质或道德修养。

职业素养是人类在社会活动中需要遵守的行为规范,个体行为的总和构成了自身的职业素养。职业素养是内涵,个体行为是外在表象。

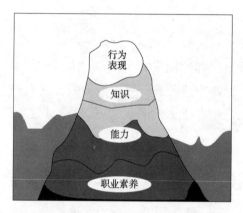

一个人所拥有的资质、知识行为和技能是显性素养,这些可以通过各种证书来证明,或者通过各种专业考试来验证,而职业道德、职业意识、职业态度,称为隐性素养。显性素养和隐性素养构成了全部职业素养。

显性职业素养只是浮在水面上的冰山一角。你可以通过各种学历证书、职业证书来证明,或者通过专业考试来验证你所拥有的资质、知识、行为和技能。而隐性职业素养就如同水下的冰山,其具体包括:职业意识、职业道德和职业态度,它决定你的职场人生!

活动名称:一杯茶就能看出你水下的冰山。
活动目的:理解冰山理论。
活动规则:分析以下三种人。
第一种人:有人给他倒茶,一动不动,心安得。

> **名人名言**
> 智力比知识重要,素质比智力重要,觉悟比素质重要。
> ——张瑞敏

第二种人:接过茶杯、连声道谢!

第三种人:立刻起身,抢过茶壶,说:"我来、我来……"

第一种人:连最基本的礼貌都不懂。

第二种人:有礼貌却不够主动。

第三种人:有礼貌,且主动积极。

企业需要的就是第三种人,如果这是一次"隐性"面试的话,你能通过吗?

中职学生的职业素养,关系毕业后的就业问题及今后的个人发展与生存,是值得学习掌握的一门学科。

 案例故事

有位女大学生,毕业后到一家公司上班,只被安排做一些非常琐碎而单调的工作,比如早上打扫卫生,中午预定盒饭。一段时间后,女大学生便辞职不干了。她认为,她不应该做一些打杂的事情,而应该做公司的主营业务。可是一屋不扫,何以扫天下?一个普通的职员,即使有很好的见解,通常被重用,也要经历一段较长的时间,最重要的是努力做到让别人看到自己的工作能力。因此,应该从小事做起的工作,并从年轻时就努力去做好。

中关村一家公司的人事部经理曾经感叹道:"每次招聘员工,总碰到这样的情形:大学生与大专生、中专生相比,我们认为大学生的素质一般比后两者高。可是,有的大学生自诩为天之骄子,到了公司就想"唱主角",强调待遇,别说挑大梁,真正找件具体工作让他独立完成,也往往拖泥带水,漏洞百出,本事不大,心却不小,还瞧不起别人。大事做不来,安排他做小事,他又觉得委屈,埋怨你埋没了他的才华,不肯放下架子。我们招人是来工作、做事的,不成事,光要那大学生的牌子干吗?所以,大学生与大专生、中专生相比,有时大专生、中专生反而更符合用人单位实际。"现在社会上有的企业急需人才,而有的大学生却被拒之于门外,不被接纳,对此现象,人事部经理的一番感叹,还是对我们有所启迪的。

启迪

人生价值真正的伟大在于平凡,真正的崇高在于普通。最平凡、最普通却又最伟大、最崇高,从普通中显示特殊,从平凡中显示伟大,这才是做人做事之道。

二、职业素养的内容

职业素养包含职业道德、职业思想(意识)、职业行为习惯、职业技能四方面内容。前三项是职业素养中最根本的部分,而职业技能是支撑职业生涯的表象内容。在衡量一个人的能力时,企业通常将二者的比例以6.5∶3.5进行划分。前三项属世界观、价值观、人生观范畴,从出生到退休或至死亡逐步形成,逐渐完善。而后一项是通过学习、培训,比较容易获得,例如,计算机、英语、建筑等职业技能范畴的技能,可以通过三年左右的学习掌握入门技术,在实践运用中日渐成熟而成为专家。但企业更认同的是,如果一个人基本的职业素养不够,比如说忠诚度不够,那么技能越高的人,其隐含的危险越大。能够做好自己最本职的工作,也就是具备了基本的职业素养。

所以,用大树理论来直接描述:每个人都是一棵树,原本都可以成为大树,其根系就是一个人的职业素养,枝、干、叶就是其显现出来的职业素养的表象。要想枝繁叶茂,首先必须根系发达。

一大公司副总裁职位空缺,两位经理的实力旗鼓相当,暗暗较劲,都想竞争副总裁宝座。

总裁决定:一位经理外派到偏远分公司任职,一位经理派去看管仓库。外派到偏远分公司者,满腹牢骚,弄得人心惶惶;派去看管仓库者,毫无怨言,工作做得井井有条!

四个月后,总裁决定:派去看管仓库的经理任副总裁。

启迪

领导重用你之前,未必会用明显欣赏的眼光看你,相反,可能会冷落你、否定你、给你坐冷板凳,而这正是考验一个人真正水平的时候。通过考验,你才有资格坐上金板凳!

活动名称:画足球场地。

活动目的:考查学生合作能力。

活动规则:全体学生分成人数相同的若干小组,队长发令后各小组第一位学生跑向黑板画足球场的第一条线,然后跑回到小组中将笔交给同组的第二位学生,

名人名言

性情的修养,不是为了别人,而是为自己增强生活的能力。

——池田大作

第二位学生再跑向黑板也画一条线,以此类推,依次进行,看哪一组的足球场最先画成。

活动要求(步骤):可用粉笔在黑板上画,也可用圆珠笔或铅笔在纸上画,每人只能画一笔,如"口"必须画四笔。由队长评判,画得最快且最好的小组为胜。

想一想

(1)此游戏为什么要一人一笔?
(2)画得又快又好的小组,秘诀在哪里?

三、中职学生应具备的职业素养

1. 健康素质

健康素质,包括身体健康和心理健康两个方面。身体健康是实行一切目标的前提条件,尤其初入职场的新人势必面对繁杂的工作任务,没有强健的体魄,不要说表现优异,就连完成任务都会很困难。现在很多关于学生身体素质差的报道见诸报端,例如小学生在运动会开幕式期间就纷纷晕倒。由于过度重视文化课而忽视了身体锻炼让很多学生的身体羸弱,在学校里就经常病假不断的学生,很难想象其如何面对激烈的职场竞争。中职学生的心理健康问题表现在就业方面,主要是情绪易波动、抗压能力低,人际协调能力差,企业需要的是心态平和、集体观念强、善于与人合作的员工。

2. 敬业精神

敬业精神也可称为职业道德。说到敬业就会让人联想到吃苦耐劳,说到职业道德就会让人联想到行业规范。实际上,这其中的含义远不止如此。敬业精神或职业道德表现在职场人的身上,应该是对本职工作的一种全力以赴的态度。不论本职工作在社会分工中的地位如何,都抱着积极、负责甚至享受的态度去对待,事无巨细地认真对待工作中的每一个细节。有些年轻人这山望着那山高,时刻准备着跳槽,对每一个现职工作都诸多抱怨,总是幻想着能得到更好的工作,入职很久却没有多少职业积累。缺乏忠诚和归属感的人,永远只能游离在职场的边缘。

3. 职业技能

职业技能,指就业所需的技术和能力。"闻道有先后,术业有专攻",知道道理有先后,技能学业各有专门的研究。所以,三百六十行每一行都有其专业的技能,每一行也都出现过优秀的人才。职业技能水平可以分为三个层次,即粗通、熟练、精湛。以机械专业为例:粗通专业技能的人只能进行简单零件的加工,还有可能会经常产生废件;熟练工能够保质保量地完成加工任务;而技术精湛的技工可以完成高难度机件加工,并且独立开发和设计新的产品。只有具备精湛的职业技能,才有可能成为行业中的精英。

活动体验

活动名称:诚信"大考验"。

活动目的:让学生通过面对模拟的情景,思考诚信的深刻内涵。

活动规则:

(1)教师出示情景。

当你遇到以下情况,你将怎么做?并说明理由。

①当你和朋友放学回家时,在路上捡到一个钱包,里面有失主的身份证件和2000元

现金,你会怎样做?

②当你独自行走时,在路上捡到一个钱包,里面有2000元现金,你会怎样做?

③上电工实验课时,你发行同桌弄坏了实验设备。她恳求你,让你保密。当老师问你时,你会怎样回答?

④你的好朋友家庭贫困,他把这一情况告诉你,并要求你不要告诉别人,正好有人询问你关于他的情况,你会怎么说?

⑤假若你是一名医生,一位重病患者向你询问他的病情,你会怎么做?

(2)小组讨论。

以小组为单位讨论,并得出答案。

(3)评分。

教师根据学生答案,给每组学生评分。

活动要求:以小组为单位,4~6人为一组,以讨论的形式得出每一组答案,然后由教师对答案进行评分,选出获胜的一组。

> 想一想
>
> (1)你认为诚信就是把所有的事原原本本地反映出来吗?
> (2)你怎样看待善意的谎言?

项目二　中职学生职业素养养成

 情景导入

一个中国留学生在日本东京一家餐馆打工,老板要求洗盘子时要刷6遍。一开始他还能按照要求去做,刷着刷着,发现少刷一遍也挺干净,于是只刷5遍。后来,发现再少刷一遍还是挺干净,于是又减少了一遍,只刷4遍,并暗中留意另一个打工的日本人,发现他还是老老实实地刷6遍,速度自然要比自己慢许多,便出于"好心",悄悄地告诉那个日本人说,可以少刷一遍,看不出来的。谁知那个日本人一听,竟惊讶地说:"规定要刷6遍,就该刷6遍,怎么能少刷一遍呢?"

(资料来源:http//blog.chinaceot.com/front/showarticle.php? id = 615075)

> 想一想
>
> (1)对于求职者来说,态度重要还是技能重要?
> (2)这个中国留学生聪明吗? 你作为老板需要这种聪明人吗?

 知识要点

一、现代企业的用人标准

"知己知彼,百战不殆"。在求职路上,只有了解自己,了解企业,特别是了解企业的用工标准或要求,才能根据自身的实际情况来确定自己的就业目标,选择自己适合的工作岗位。

企业的用人理念:"有德有才,破格使用;有德无才,培养使用;无德有才,坚决不用。"

企业希望员工做到:"规范自我行为,养成文明习惯,认同企业文化,融入公司环境,积极主动学习,培养敬业精神,树立正确目标,坚定服务决心,冲刺美好梦想,追求绚丽人生。"

 知识链接

中职学生职业素养不尽如人意,具体表现在以下十个方面:
1. 注重薪水和待遇,寻找捷径求得跳跃式发展;
2. 不愿意接受企业制度的束缚;
3. 缺乏团队合作精神;
4. 错误判断新就业单位的实际情况;
5. 个人利益至上;
6. 眼高手低,不能正确认识自己;
7. 缺乏诚实、脚踏实地的敬业精神;
8. 对综合素质重要性的认识不足;
9. 缺乏一定的心理承受能力;
10. 与上级关系处理不好。

一流员工的职业素养表现在以下六个方面:
1. 放下自己,别把自己看得太重;
2. 要坐金板凳,先坐冷板凳;
3. 尊敬自己岗位,成就自己人生;
4. 成为一位负责任的人;
5. 小胜凭智,大胜靠德;
6. 在逆境中学习,在逆境中成长。

二、中职学生的基本职业素养

中职学生必须具备四个意识、五种能力。

(一)四个意识

1. 法制意识

未来的社会是法制的社会,法制意识淡薄的人,是寸步难行的。对于偷窃、群殴违法行为,轻者被公司开除,重者要受到法律裁决,做事要三思而后行,不可讲江湖义气,也不要为一点钱财走向自毁之路。

2. 合作意识

世界上的事物不是孤立的,而是相互促进相互联系的。同样,工作不是一个人单枪匹马完成的,而是通过员工的通力合作,才能够完成。

3. 创新意识

创新是一个民族进步的灵魂,是一个企业发展的保证,也是一个人自我发展的动力。只有创新,我们才能克服困难,赢得发展。

4. 服从意识

企业规章制度及工作中的作业规范要求,是确保企业高效无差错运转的有力措施,所以任何员工都不应有自由散漫、我行我素的意识。

(二)五种能力

1. 适应能力

中职学生离开熟悉的校园和朝夕相处的同学就开始进入社会,走上就业岗位了。在面对新环境时,应多寻找机会磨炼自己,以增强适应能力。

2. 协作能力

团结就是力量,只有团结协作,多些尊重,相互配合,发挥团队作用,使企业在竞争中求得发展,才能使个人的才华得到更好的施展。

3. 技术能力

在大浪淘沙般的人才市场中,技能只能在实践中逐步提高。在工作中把自己掌握的理论与实践结合起来,来增强自己的技术能力。

4. 沟通能力

人与人之间的交流,在人际关系中起到重要作用。如何真诚地与同事、与客户交流,如何向主管清晰准确、坦诚地反映问题,个人的语言表达能力很重要。

5. 突发事件的处理能力

在工作中会不可预测地发生突发事件,如工伤事故。企业最欢迎的是能够以最快速度、最大限度地减小负效应。因此,作为企业员工,要有思维敏捷、办事果断和解决问题的能力。

同时,要明确自己应必备的职业素养的标准,即在工作中要用到的技能、知识。比如,对于汽车中级维修工来说,其基本职业素养的要求是能够处理来车的常见故障,即能从理论上较准确地指出产生故障的原因,并能简单明了地解说故障的始末。

总之,对于职业人来说,职业岗位的必备条件也在不断地适时调整中,要坚定、坚持前行大方向,加强自身磨炼稳步实现目标。

 案例故事

1965年的一天,在西雅图景岭学校图书馆工作的管理员,见到了一个瘦小的男孩,这个孩子是被推荐来图书馆帮忙的,推荐人给这个孩子的评语是"聪明好学"。

管理员给他讲了图书的分类法,然后让他把已归还图书馆的、但放错了位置的图书放回原位。

小男孩问:"像是当侦探吗?"

图书管理员笑着回答:"当然!"

接着男孩不遗余力地在书架的迷宫中穿来插去,中午休息的时候,他已找出了3本放错地方的图书。

第二天,他来得更早,而且更加努力。这天结束的时候,他正式请求担任图书管理员。

两个星期过去了,小男孩突然告诉图书管理员,他要搬家到另一个住宅区了,他还担心地说:"我走了,谁来整理那些站错队的书呢?"

然而没过多久,男孩又出现在图书管理员的面前,十分欣喜地告诉他,那边的图书馆不让学生干,妈妈把他转回这边来上学,由他爸爸用车接送。

小男孩说:"如果爸爸不带我,我就走路来。"小男孩这种积极努力的精神,给图书管理员留下了很深刻的印象。

他当时就认为这个孩子将来一定会成功,只是他没能料到,这个小男孩会成为信息时代的天才、微软公司的老板、世界首富,他就是比尔·盖茨。

 启迪

就就业业的工作态度,是成就自己人生事业的基石!没有随随便便的成功,除非你只想成为一个随随便便的人。

 活动体验

活动名称:坐地起身游戏。

活动目的:体现团队队员之的配合,让大家明白合作的重要性。

活动规则:

（1）四个人一组，围成一圈，背靠背地坐在地上，再不用手撑地站起来；

（2）随后依次增加人数，每次增加2个，直至10人。在此过程中，教师要引导学生坚持、坚持、再坚持，因为成功往往就是再坚持一下。

活动要求：场地，空旷的场地一块；时间，20~30分钟。

（1）本游戏说明了什么道理？

（2）在团队合作中，应该怎样合作才最有效率？

三、中职学生职业素养培养的重要性

1. 职业素养培养是适应社会发展的需要

在社会转型期，中等职业教育的要求是对学生进行职业素养培养。在强调竞争共赢、团队合作的市场经济环境下，企业越来越注重职员的职业素养水平。全面提高中职学生的职业素养，让学生一踏入社会不仅能迅速地适应企业的职业素养要求，还能适应企业的技能要求，并在工作中不断享受职业素养所带来的幸福感与成就感。

2. 职业素养培养是学生成功就业和创业的需要

当前，社会上出现了本科生收入不如农民工、中职学生找不到理想的工作、名牌大学硕士生当油漆工的现象，于是，"读中职就是浪费时间""读书无用论"论调有所抬头。但事实上，我国各级各类人才数量严重不足，尤其是掌握一技之长的技能型人才严重缺失。就业难并不是人才过剩，而是培养的人才达不到企业、社会的要求。

3. 职业素养培养是学生可持续发展的需要

中职学生在实现初次创业或就业之后，往往与大多数人一样，需要花上较长的一段时间去学习、适应，最终融入该行业。当出现"排异现象"时，有人选择频繁转岗或者跳槽，当然不排除有人在重新选择职业或职业变化时显得束手无策。具备良好职业素养的学生，能与企业、社会很好地对接，既有利于自身可持续发展，又避免浪费宝贵的磨合时间，使学生受益一生。

一年轻人到一家大公司应聘。笔试的当天，他发现众多应聘者中他的学历是最低的。他读的是成人夜校，而其他人学历最低的也是研究生。题目难度很大，这年轻人虽无把握，但还是认真做下去。

考试到一半，主考官手机突然响起，于是离开考场到屋外接电话。屋内没有了主考官，应聘者开始不安分起来，纷纷交头接耳。

而这位年轻人没有任何动作，仍然安静地答题。这时，坐在他旁边的一应聘者侧过

身对他说:"哥们,别这么认真,赶紧抄点吧。"

这位年轻人冲他一笑,没有回答,仍然自顾自地埋头答题。

考试结束,这位年轻人已不抱任何希望,因为题目太难,他考得一塌糊涂!

谁知第二天却接到录取通知,让他准备上班。隔天他又高兴又惊喜地来到公司。一进办公室看到上司,觉得很面熟,好像似曾相识,却想不起在哪见过。这时,他的主管上司微笑着对他说:"你不认识我了吗?我就是那天坐在你旁边,提醒你可以抄一下的应聘者啊。"

这场考试考的是什么?是知识吗?不是!考的是诚信,考的是品德,而品德就是最好的通行证!

四、培养职业素养的途径和方法

1. 养成良好的行为习惯

学生要养成专心听课、独立完成作业、自控自理、团结协作的良好行为习惯,将来把这些习惯贯彻落实到职业活动中,养成良好的职业习惯。

2. 培养积极向上的心理素质

企业对员工职业心态的要求是要有责任心,学会与人相处,时刻保持一种积极进取、宽容乐观、团结协作的心态。因为只有积极进取,才能将全部身心投入到所从事的工作中;只有宽容乐观,才能赢得客户的尊重和支持;只有团结协作,才能和同事一起共渡难关,促进企业的发展。对中职学生而言,只有在学习期间形成了这些积极向上的心理素质,才会吻合企业对员工心理素质的要求,也才能在将来的职场竞争中脱颖而出。中职学生心理素质的培养包括独立、自信的心理素质;善于交流,合作的心理素质;敢于承当风险、勇于拼搏的心理素质;坚持不懈、不屈不挠的心理素质。这些心理素质的培养,需要教师在教授学生知识的同时,渗透这些心理素质的教育,例如,"我能成功,我能成才""做人做得让人信任,做事做得让人放心""三百六十行,行行出状元""失败乃成功之母"。

3. 在日常生活中养成良好的职业道德

中职学生的职业道德就是从遵守学校的规章制度、遵守中职学生的日常规范做起,从平时的言行举止做起,严格要求自己,不能因为他人没有做到而原谅自己,或自己不去做;也不能因为他人有违反学校规章制度的现象出现而放纵自己、宽容自己,甚至放松对自己的要求。相反,更应该高标准、高要求,追求高尚的职业道德境界,只有这样,才能自觉形成一种习惯,形成良好的职业道德信念和品质,为自己顺利就业做好准备。

4. 积极参加各类活动,培养良好的职业素养

中职学生都比较喜爱活动,因此,应将各类活动的开展作为培养学生职业素养的一种有效途径,可以开展形式多样的认知活动,如猜谜语、演讲比赛、竞技体育活动,使学生在竞赛中感到团结的力量,让学生知道只有团结协作才能发挥整体的力量;开展见习、参观、交流活动,增强学生与人沟通交流的能力,提高学生的交际能力;开展以讲诚信、讲奉献、讲勤俭主题教育活动,使学生在活动中认识到诚实守信、无私奉献、勤俭节约都是一个企业员工所遵循的美德,从而自觉地在自己身上传承这种美德。

总之,职业素养的养成对于一个中职学生是至关重要的,它关系到能否顺利就业、能否成为一个合格的"职业人"。只有提高学生的职业素养,才能为将来就业和创业打下坚实的基础。

案例故事

电影巨星席维斯·史泰龙在成名以前的十几年中十分落魄,身上只剩 100 美元,连房子都租不起,并满怀信心地到纽约的电影公司应征,但都因相貌平平、咬字不清而遭拒绝。

当纽约所有 500 家电影公司都拒绝他之后,他从第一家电影公司开始再度尝试,在被拒绝了 1500 次之后,他写了"洛基"的剧本,并拿着剧本四处推荐,但继续被嘲笑和奚落。

在一共被拒绝了 1855 次之后,终于遇到一个肯拍他的剧本的电影公司老板,但遭到对方不准他在电影中演出的要求。但最后,坚持到底的史泰龙终于成为闻名国际的超级巨星。

你能面对 1855 次的拒绝仍不放弃吗?

史泰龙能,他做别人做不到的事,所以他能成功。我相信只要你坚持,你也一定能。

面对客户的无数次拒绝,面对职场中的种种挑战!不轻言放弃!因为成功者绝不放弃!放弃者绝不成功!

模块总结

如果拥有良好的职业素养,以及强化职业素养的再造能力,那么,在工作中,无论是专业技术能力的再培养,还是沟通协调以及承上启下能力的拓展和提升速度都是比较快的,即能够比较快地发挥潜能。职业道德、职业思想、职业行为是职业素养中最根本的部分,而职业技能是支撑职业人生的表象内容。职业道德、职业思想、职业行为属于世界观、价值观、人生观范畴,从出生到退休或至死亡逐步形成,逐渐完善。而职业技能,是通过学习、培训比较容易获得的。例如,计算机、汽车、建筑技术属职业技能范畴内,可以通过三年左右的时间掌握入门技术,在实践运用中日渐成熟而成为专家。越来越多的企业更认同的是,如果一个人基本的职业素养不够,比如说忠诚度不够,那么技能越高的人,其隐含的危险越大。因而,职业素养对一个职业人来说,至关重要!

拓 展 训 练

1. 案例分析一

一天早上,某超市刚开门营业,来采购的顾客络绎不绝,生鲜熟食区的生意特别红火,集中在一起的计量处忙得不亦乐乎,但工作中的计量员似乎还没有睡醒,有的边工作边打哈欠,有的表情木讷、反应迟钝。这时在立柱旁的一位女营业员正趴在计量秤上写字,显示屏上的数字跳个不停。有位顾客走过去拍拍她的肩膀说:"女士,你不能趴在电子秤上写字,你没有看到上面的数字一直在跳吗?你这样会把电子秤弄坏的。"女营业员抬头看了顾客一眼回答说:"我趴在秤上写字,那些数字肯定会跳的呀,我在这里写字方便。"然后,继续趴在上面写着,这位顾客又拍了拍她的肩膀说:"女士,你这样真的会将电子秤搞坏的,如果你要写,可以在旁边的桌子上写呀!"女营业员抬起头看了他几秒钟,然后干脆将纸笔收起来,不写了。

思考:女营业员犯了哪些错误?你打算如何帮助她?

2. 案例分析二

有一个偏远山区的小姑娘到城市打工,由于没有什么特殊技能,于是选择了餐馆服务员这个职业。在常人看来,这是一个不需要什么技能的职业,只要招待好客人就可以了,许多人已经从事这个职业多年了,但很少有人会认真投入到这个工作中,因为,这个工作看起来实在没有什么需要投入的。

这个小姑娘恰恰相反,她一开始就表现出了极大的耐心,并且彻底将自己投入到工作之中。一段时间以后,她不但能熟悉常来的客人,而且掌握了他们的口味,只要客人光顾,她总是千方百计地使他们高兴而来,满意而归,不但赢得顾客的称赞,也为饭店增加了收益——她总是能够使顾客多点一至二道菜,并且在别的服务员只照顾一桌客人的时候,她却能够独自招待几桌的客人。

就在老板逐渐认识到其才能,准备提拔她做店内主管的时候,她却婉言谢绝了。原来,一位投资餐饮业的顾客看中了她的才干,准备投资与她合作,资金完全由对方投入,她负责管理和员工培训,并且郑重承诺:她将获得新店25%的股份。

现在,这个小姑娘已经成为一家大型餐饮企业的老板。

思考:根据案例,你能分析"做"与"会做"的不同吗?

模块二　职业价值观

俗话说："人各有志"。这个"志"表现在职业选择上就是职业价值观,它是一种具有明确的目的性、自觉性和坚定性的职业选择的态度和行为,对一个人职业目标和择业动机起着决定性的作用。明确自身的需求(职业价值观),树立正确的人生价值观和职业价值观,对职业生涯发展具有积极的促进作用。

> **学习任务**
>
> 1.了解价值观和职业价值观的含义、分类。
> 2.了解职业价值观对职业生涯发展的作用,探索自己的职业价值观。
> 3.树立正确的人生价值观和职业价值观,在学习、生活、工作中践行正确的职业价值观。

项目一　职业价值观与职业生涯发展

情景导入

在某单位组织的一次面试中,主考官先后向来应聘的毕业生提出了同样的问题:"我们单位是一家大公司,下面有很多子公司,凡被录用的人员都要到基层去锻炼,基层条件比较艰苦,请问你们是否有思想准备?"毕业生 A 说:"吃苦对我来说不成问题,因为我从小在农村长大,父亲早逝,母亲年迈,我很乐意到基层去,只有在基层摸爬滚打才能积累丰富的工作经验,为今后发展打下基础。"毕业生 B 则答:"到基层去锻炼我认为很有必要,但作为年轻人总希望有发展的机会,不知贵公司安排我们下去的时间多长?还有可能上来吗?"结果公司最终选择了毕业生 A,而毕业生 B 则落选。

毕业生 B,直到毕业前夕他还未落实工作单位。学校的一位老师去参加某公司的供需见面协调会,顺便将他的应聘材料带去帮他落实单位,刚好二级城市有一家单位要他,专业对口,又是家乡,然而他本人的择业意向却是单位地点必须在大城市,至于到什么单位、具体做什么工作都无关紧要。

(1) 对这两个人的选择以及可能产生的结果分别进行分析。
(2) 如果你是毕业生B，你会怎样利用第二次机会？

一、价值观与职业价值观

1. 价值观含义及分类

价值观是代表一个人对周围事物的是非、善恶和重要性的评价，也是我们在工作中、生活中所看重的原则、标准或品质。换句话就是某些对你来说很重要或你很想要的东西。

价值观一般分为两类：一类是"实质价值观"，比如成就感、爱、健康；一类是"工具价值观"，比如金钱、职位。

2. 职业价值观含义及分类

职业价值观指价值观在职业选择上的体现，也可称之为择业观，是指人生目标和人生态度在职业选择方面的具体表现，是人们对待职业的一种信念和态度以及对职业目标的追求和向往。

职业价值观是人们在选择职业的一种内心尺度。理想、信念、世界观对于职业的影响，集中体现在职业价值观上。

根据不同的划分标准，人们对职业价值观的种类划分也不同。美国心理学家洛特克在其所著《人类价值观的本质》一书中，提出13种价值观：成就感、审美追求、挑战、健康、收入与财富、独立性、爱、家庭与人际关系、道德感、欢乐、权利、安全感、自我成长和社会交往。

每种职业都有各自的特性，不同的人对职业意义的认识，对职业好坏有不同的评价和取向，这就是职业价值观。职业价值观决定了人们的职业期望，影响着人们对职业方向和职业目标的选择，决定着人们就业后的工作态度和工作绩效水平，从而决定了人们的职业发展情况。哪个职业好？哪个岗位适合自己？从事某一项具体工作的目的是什么？这些问题都是职业价值观的具体表现。

> **名人名言**
>
> 职业价值观是个人追求的与工作有关的目标，即个人在从事满足自己内在需求的活动时追求的工作特质或属性；它是个体价值观在职业问题上的反映。
>
> ——舒伯

活动名称:取舍最爱。

活动目的:体验选择。

活动规则:

(1)写下自己"生命中重要的五样东西",小组内进行交流。

(2)如果从五样中舍弃一样,自己首先舍弃哪一样?为什么?

(3)小组内交流舍弃的顺序和理由,分享自己做出取舍决定时的心理感受。

活动要求:诚实作答。

> **想一想**
> (1)在这个取舍活动中,你的心理感受是什么?
> (2)你是否懂得了珍惜与拥有?

一位满腹经纶的作家出名后有了些财富,便开始环游世界。他带着一些金钱及书本开始旅游。有一次,他搭上了一艘船,准备海上之旅,不料半途遇到一场可怕的暴风雨,船上每个人都急忙抢救身上值钱的东西,作家却只拿了笔记本。一旁的人问他:"你不打算保住你的财产吗?"作家回答:"我所有的财产都在我身上了。"当暴风雨过后,有些人因拿了过重的财物而无法逃出,而作家则幸运地活了下来,等到了另外一个城市,他便将这个冒险故事写成书。一路上,他就靠着文笔才华顺利地回到家乡。

> **启迪**
> 知识是唯一不会亏本的生产工具,一个有学问、有智慧的人懂得利用所学发挥自己的才华,改善目前的生活,帮助自己由困境中跳脱出来,并使人生充满意义及乐趣。不同的人生价值观决定不同的命运。从价值观的角度来说,职业发展成功还是失败的标准是你是否得到了你想要的生活,你的职业所带来的生活方式是否符合你的价值观念。

二、职业价值观的作用

1. 马斯洛需求层次理论的激励作用

职场上有一个非常著名的马斯洛需求层次理论,它从企业和社会的角度关注怎样调动每位从业者的工作积极性。这个理论认为人的需求分五个层次,由最低层次的"生理需求"开始,向次高级的"安全需求",第三级的"社交需求",第四级的"尊重需求",直到最高级的"自我实现需求",渐次向高级发展。这个理论主张对于处于不同层次的职场人,重点满足他在当前层次的需求。

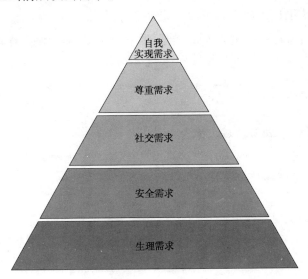

马斯洛需求层次理论

知识链接

需求层次与职业价值观

需求层次	内涵解释	追求目标
生理需求	本能需要(生理、生存) 衣食住行及延续种族	工资、福利、生活幸福感受
安全需求	保障需求 生命、财产、职业、劳动、环境和心理安全	职业职位保障 防止意外事故的发生 健康工作的生活环境
社交需求	归属与爱的需要 社会交往、团体中地位作用亲情、友情、爱情追求	和谐人际关系 团体接纳 组织认同感
尊重需求	自尊、他尊需要 自尊心、自信心以及地位、威望、他人信赖、尊重和评价	地位、名誉、权力 责任、他人工资比较
自我实现需求	人生最高目标 潜能发挥、才能,表现有成就的人物	发挥特长的组织环境 具有挑战性的工作

 **活动体验**

活动名称:我的需求层次。

活动目的:让学生认识到自己内心真实的需求。

活动规则:学生通过对照需求层次模型,看一看自己目前所处的需求层次。

活动要求:诚实作答。

> **想一想**
>
> (1)你处在哪一级需求层次上?
> (2)你最希望在今后的工作中获得对哪个层次需求的满足?
> (3)什么因素能够带给你满足感、激励你更好地工作?

2.职业价值观的决定性作用

价值观是人们在考虑问题时所看重的原则和标准,是人们内在的驱动力。因此,价值观在人们的生涯发展中往往起到极其重要的、决定性的作用,甚至可能超过兴趣和性格对个人发展的影响。职业价值观反映了一个人的人生哲学,是支配他所有思想的根本。职业价值观对职业目标和择业动机有着决定性的作用。

如果一个人追求的是自我价值的实现,那么他就会选择那种最能发挥自己特长的职业;如果一个人只是一味地追求名和利,那在选择职业时,他就会优先考虑目前所选取职业的地位和经济收入,而没有从长远考虑。

 **案例故事**

有三个人,同时被关进监狱,时间都是三年。入狱前,监狱长答应满足每个人一个要求。美国人爱抽雪茄,要了三箱雪茄;法国人浪漫,要了一个美丽女子相伴;犹太人则要求给自己安装一部电话。

三年很快过去了,美国人从烟雾缭绕中走了出来;法国人出来时,怀里抱着一个孩子,旁边的女人手里牵着一个孩子,肚子里还怀着一个孩子;犹太人出来后,紧紧握住监狱长的手说:"谢谢监狱长,三年来,我天天与外界联系,生意丝毫没有受到影响。虽然我人在监狱,却一样赚了不少钱。"

> **启迪**
>
> 这三个人的选择只是每个人不同价值观的反映而已。职业价值观决定了我们的生活态度,从而决定了我们的职业价值取向,并导致了我们做出各种各样的职业选择,这种职业选择决定了我们的职业发展状况。

 **活动体验**

活动名称:回顾做过的决策。

活动目的:体会不同价值观的作用。

活动规则:请你回顾在以往工作生活中所作出的重大决策,以及决策之前围绕这一事件所产生的不同意见(自己的、父母、师长、朋友或其他重要他人的)。

活动要求:仔细回想,诚实作答。

在这些意见的背后,是否体现着不同的价值观?试着把这些价值观写下来。

三、职业价值观与职业生涯发展

"人贵有自知之明""知己知彼,百战不殆"。深入探索剖析自己,找到自身隐藏的闪光点,明确自身的需求(职业价值观),正确地对自己职业定位,是做好职业生涯规划的重要步骤。

从舒伯的生涯发展理论和马斯洛的需求层次理论可以看出:个人由于所处的不同生涯发展阶段和社会环境,本身的需求会发生改变,加上经验积累、知识增长,从而可使价值观产生变化。

知识链接

不同时期学生需求与首选职业目标

生涯时期	首选职业目标	原 因
毕业	进大公司,效益好(赚钱最重要!)	买房、成家,都需要经济支持
工作10年以上	适合自己兴趣爱好,又能兼顾家庭(赚钱不重要!)	为了钱而从事自己不喜欢的工作是一件痛苦的事
工作20年以上	健康、幸福、安全、稳定(其他都不重要!)	工作大半辈子了,钱已不缺

不同时期学生的需求与首选职业目标需求发生了改变,他们在职业上看重的职业价值观也随之变化了。由于我们身处的社会是一个多元社会,多种价值观的冲击也会导致个人原有价值体系发生改变。尊重个体的差异和独特性,充分发挥个人才能,已经成了社会所推崇的理念。因此,我们每个人均需要对自己的价值观进行探索。

很少有工作能完全满足人所有的重要价值观。因此,我们总是要不断地做出妥协或放弃。这是不可避免的,也是必要的。只有对自己的价值观进行澄清和排序,才能知道如何取舍。

在职业生涯规划中,我们常常需要作出这些选择:是要工作舒适轻松,还是要高标准的待遇;要成就一番事业,还是要安稳太平。当两者有矛盾冲突时,最终影响我们决策的是存在于内心的职业价值观。可见,职业价值观对职业生涯的影响是深远的。可能每个人都有几种自己认为重要的价值观,并形成独特的组合。了解自己的职业价值观,也就明确了自己的职业理想和生涯发展方向。

活动名称:了解自己的职业价值观。

活动目的:通过所写的内容,反映我们在工作中寻找的是什么、需要的是什么?

活动规则:

(1)请拿出一张白纸,在纸上写下"我希望工作……"。在1分钟的时间内尽可能地写下你头脑中所联想到的任何短语。

(2)全班分享。

活动要求:认真思考,诚实作答。

> **想一想**
> (1)你在工作中寻找的是什么?
> (2)你判断工作"好""坏"的标准是什么?
> (3)什么是最适合自己的工作?
> (4)在哪项工作中,你能真正开开心心地投入并实现自己的价值?

项目二 职业价值观养成

1998年中考,尤玮被上海市信息管理学校(原董恒甫职业技术学校)图书情报管理专业录取。和其他同学不同的是,尤玮没有丝毫的挫败感,她回忆道,考大学是为就业,读职校一样可以找到合适的岗位,与其郁郁终日说什么大志难筹,不如踏踏实实走好脚下的路。踏入中职校门的那一刻起,她便告诉自己,这里是一个新的起点,一样可以实现人生目标,只不过需要将自己的人生道路进行一点点调整。

入学后,尤玮积极参加学校的各类社团活动不断学习如何与人交往,如辩论赛、演讲比赛等,还担任文学社社长,学习如何组织活动,以此锻炼自己各方面的能力。尤玮坦言,参加各种活动,有失败也有成功,但让她渐渐明白,对自己有帮助的不是参加活动的结果,而是这段经历和过程。

进入职业学校的第一个寒假,尤玮开始捧着自己的简历去虹口区图书馆寻求实习的机会。第一份实习的工作很简单:将原来手写的目录书卡输入电脑,没有限定的工作量,也不限时上交,做多少、怎么做完全取决于个人自觉。熟练掌握五笔输入法的她早到晚归,总希望能为大家多分担一些,多出一点力。寒假结束时,虹口图书馆的馆长在实习鉴定上认真地写下:欢迎你在今后的假期继续来参加志愿服务。

鲁迅新馆改扩建完成,尤玮到纪念馆的图书馆参加志愿服务。一次偶然的机会,她被调至宣教部门,担任双休日志愿讲解员。白天担任讲解员,晚上翻阅各种资料,自己写讲解词……渐渐地,尤玮开始喜欢上讲解员这一职务,并不断钻研,每讲解一次都会有新的收获和启发,每次的讲解词各异。

2002年,鲁迅纪念馆需要招聘一位讲解员,前来应聘的学生都是一些名牌大学的学生,甚至还有多位研究生前来应聘。面试者需要现场讲解鲁迅纪念馆,并接受面试官的提问。此时,站在一旁做志愿者的尤玮胆怯地问道:"可以给我一次面试机会吗?"现场的面试官说,你试试吧!声情并茂的讲解后,面试官决定,破格招聘这位中职学生。

一个人的职业素养决定了他自身未来的发展。我们需要更好地认清自己,树立正确的职业价值观,给自己拟定一个有规划的人生,在校期间有计划、有步骤主动、适应未来的职业发展,从而达到自我价值的实现。

(资料来源:http://www.bai-ke.cn/falvfagui/552800.html)

尤玮被破格招聘的重要原因是什么?你在中职学校学习这三年该怎么做?

一、树立正确的职业价值观

不同的价值观在职业选择中起着不同的作用,负面的价值观阻碍职业的选择,正确的价值观促进职业的选择。如果在制订职业生涯规划、选择职业时,没有考虑自己的价值观念,选择了不适合自己的职业,也就很难在这个岗位上坚持下去,当然也就谈不上事业发展的成功。

1. 树立正确的职业价值观,要有科学的世界观

唯物主义的世界观告诉我们,这个世界是物质的,物质是发展和联系的,我们可以通过自身的不断努力,来改造我们的物质世界。这样的世界观就会给予我们职业发展的信心和工作动力。

2. 树立正确的职业价值观,要有正确的人生观

不同的人生态度决定了不同的人对生活、对工作的态度。积极面对生活中的各种困难和问题,积极面对职业道路上的各种困惑和压力,是我们每一个青年学生应有的人生态度。实践证明,在职业价值观中看重发展因素的人,其自我满意度较高,自我灵活性也较好。这些人往往具备很强的竞争力,并且对所选职业比较了解,就业准备充分,具有较强的进取心,善于学习。

3. 树立正确的职业价值观,要培养真正的责任意识

提高责任意识,是职业学校培养学生职业价值观的重要任务。我们应该看到,最宝贵的权利就是可以决定自己的人生;最重要的财富,就是我们当前所拥有的一切;最高的地位,就是可以心无旁骛地做好自己,用心工作,用心走好职场每一步。这样才能在企业壮大的同时不断自我成长,在企业辉煌中实现自身价值。

 案例故事

故事一

在一个建筑工地,有位社会学专家对正在砌墙的三个工人进行了随机调查。专家问三个砌墙的工人:"你们在做什么呢?"

第一个工人没好气地嘀咕:"你没看见吗,我正在砌墙吗?"

第二个工人有气无力地说:"嗨,我正在做一项每小时9美元的工作。"

第三个工人一边砌墙一边哼着小调,笑容灿烂、开心地回答:"我在建设一座美丽的城市。"

最后,第三个工人最终成为一位伟大的建筑大师,而前两位工人却一生都在砌墙。

故事二

有时我们会听到这样的话语:"我又不是防损员,我只管理货,东西丢了不能怪我。""部长交代给我的,我都会去做,做不完我有什么办法。""我怕顾客说闲话,不复称算了"……

 启迪

培养真正的职业责任感,尊敬自己的岗位,成就职场人生。

 活动体验

活动名称:我错了。

活动目的:让参与者勇于承担责任。

活动规则:让参与者相隔一臂站成几排(视人数而定)。主持人站在队列前面,面向大家。主持人喊一时,大家向右转;喊二时,向左转;喊三时,向后转;喊四时,向前跨一

步;喊五时,原地不动。

当有人做错时,就要走出队列,站到大家面前先鞠一躬,举起右手高声说:"对不起,我错了!"

主持人喊数时节奏可以由慢到快。渐做渐快时,错的人也越多。如果有人做错了。想蒙混过关,主持人要提醒:"刚才有人错了,请承认。"直到做错了的人认错为止。

活动要求:认真、有序。

(1)在这个活动中,你的感受是什么?

(2)一个人的责任心不仅是勇于面对错误,承担责任,还需要一种力量。这也是一种心理的自我认可。在生活中,当你认识到自己错了,是否有勇气主动承认?

二、正确的职业价值观应处理好几个关系

1. 处理好职业价值观与金钱的关系

金钱是在确定职业价值观时首先要面对的问题,特别是面对严峻的就业形势,更应理性地降低对金钱的期望值,要把眼光放远一些,应尽可能地将自我成长和自我实现作为在择业时的首选价值观。

2. 处理好职业价值观与个人兴趣、特长和价值排序的关系

职业价值观、个人兴趣和特长是人们在择业时需要考虑的最重要的三个因素。职业的选择,志存高远是可贵的,但不根据自身条件、兴趣、特长和社会需求进行选择,所确立的职业理想就有可能成为空中楼阁。据调查,如果选择了自己喜欢的工作,则可以充分调动人的潜能,获得职业发展的原动力。此外,选择一项自己擅长的工作,也会事半功倍。要对自己的职业价值观进行排序,找出你认为最重要、次重要的方面。否则就会患得患失,终其一生也不清楚自己到底想要什么,更谈不上职业生涯的成功和对社会的贡献了。对刚毕业学生来说,要从大处立志,从小事做起,要树立"先就业,再择业"的新时代择业观。

谢展鹏,2002年毕业于峨眉山市职业技术学校电子专业。当初选择中等职业学校是因为自己的文化成绩在初中阶段上并不出色。而想学一门出色的技能,在当时却成为自己的另一种奢望。"我的父亲告诉我,既然成绩不好读不了大学,不如趁早学一门技能。有技术在手,很快就能在就业中找到位置。"谢展鹏说,自己当时并不理解父亲的这一番话,但当从峨眉山市职业技术学校毕业后他才懂得,原来每天枯燥的专业课是为

了他今后的就业打基础。2003年初,作为学校电子专业的技能好手,谢展鹏带着憧憬从峨眉山市来到了犍为县某电器设备厂。不到半年时间,他就成为厂里年轻人中的技术尖子。

两年后,谢展鹏决定离开这家电器设备厂,去外省开拓下眼界。他只身一人前往浙江义乌的某电子产业基地。在2005年至2008年,谢展鹏开始在浙江下农村、走乡镇,安装太阳能热水、取暖设备。"那年去浙江的决定,给我今后的创业带来很大帮助。"正是看到这一领域的商机,加上自己又拥有成熟的安装技术,谢展鹏决定回家乡创业。

"当时创业的念头非常强烈,同时也深知其中困难重重。"谢展鹏说。首先,由于自己手里资金不足,再者就是对四川各地农村太阳能产业的发展情况并不了解。于是,他到处寻找投资商,在义乌,找到了两家愿意与其合作的太阳能设备公司。同时,从市场调查到走村串户进行走访了解,并做好产品宣传,打开市场。一年后,他们的太阳能产品开始进入乐山周边的一些农村乡镇。他说,如果没有自己当时义无反顾地坚持,或许就没有今天的成功。仅三年的时间,谢展鹏的公司已经发展成为设备公司的川南地区区域代理,谢展鹏也从当时亲力亲为的老板兼工人,摇身变为旗下拥有80多名员工的管理者。

"我要感谢职业教育让我有了这份特殊的经历,打开了我的视野,让我如今能够发展壮大。我希望现在选择中职教育的学弟学妹们能够认真学好知识和技能,将来走向社会后才能更好地适应职业需要。"

(案例来源:http://chuangye.yjbys.com/gushi/anli/546167.html)

一个人的成功绝不是偶然,付出一定是必然。绝不能养成浮躁的心态,必须厚积薄发。只有树立正确的职业价值观,在学校学习期间有针对性地不断充实自己、完善自己,逐步提高自身的综合素质,规划好职业生涯,在就业过程中定位准确、找准契机,才能在职业生涯可持续发展中取胜。

活动名称:培养积极心态

活动目的:

(1)体验自己是否有意识地把握机会和表达愿望。

(2)学会把握机会,不留遗憾,从而积极地面对人生。

活动规则:

(1)全班同学围坐成一圈,由主持人出示精美礼物,进行适度的描述,并提问:谁想得到这份礼物?想得到礼物的人请举手。

(2)主持人从举手的同学中,选择6位入围者。

(3)6位入围者走到圈中央,面对主持人排成一排坐好,在6位入围者中自愿产生1名裁判。

(4)裁判产生后,主持人把权利交给他,5位入围者分别向裁判陈述自己希望获得礼物的理由,最后由裁判客观地决定礼物归谁所有。

(5)礼物送出后,主持人请裁判、礼物获得者和4位入围者谈谈自己的感受。

活动要求:参与人数,全班;所需时间,约15分钟;所需材料,事先准备一份精美的礼物。

活动要求:

(1)如果第一轮举手想获得礼物的人很多,主持人要注意考验他们,明确人人都有机会,但不是人人都有结果,对举手者可以试问:你对争取礼物真的有勇气?你对获得礼物真的有信心?你有信心就请走上一步。假如走上一步的人还是很多,继续考验,再做选拔,直到只剩6~7位。

(2)裁判听取5名入围者的陈述后,可以追加提问,如:"你认为这份礼物具体是什么东西?""你得到了礼物准备如何处理?""假如得不到礼物你的态度会怎样?"

(3)礼物一定要包装得精美诱人,达到人见人爱的效果,而且最好是能够便于集体分享的礼物,如巧克力、小蛋糕等,并且除了满足一人一粒外,数量最好还有剩余。这样礼物获得者就有可能集体分享,进而使全场的气氛达到高潮。

> **想一想**
>
> (1)通过这个活动,你是否体会到把握机会、不留遗憾、积极主动面对人生的积极心态?
>
> (2)积极心态在我们生活和工作有什么重要的作用?

3. 处理好职业价值观中个人与社会的关系

一个人只有在工作中为社会做贡献,才能实现自己的职业价值。我们每一个学生要正确认识时代责任和历史使命,自觉把个人的职业理想和正确的职业价值观追求融入国家和民族的事业中,树立务实而具体的职业理想。我国要从制造大国向制造强国迈进,需要一大批具有"工匠精神"的高素质、高技能劳动者挥洒汗水、奉献智慧。因此,我们必须将"工匠精神"这种精益求精、追求完美的职业价值观内化于心,外化于行。

4. 处理好个人价值观与企业价值观的关系

一个好员工的职业价值观要适应企业价值观,不仅要爱岗敬业,更要有服从精神,员工的忠诚、服从是企业长治久安的重要保障。要更好地胜任一份工作,就要在工作中做到谨言慎行、遵纪守法,时刻保持谦虚谨慎的工作态度,精益求精地完成每一项工作任务;工作中还要养成平易待人、礼貌文明的职业行为习惯。只有这样才能充分显示自

职业素养

己对企业价值观的认同，并获得企业赋予的更多责任和机会。要学会接受所从事的职业，接受平凡的岗位，并在平凡的岗位中有所建树，这样，才会在企业的不断发展中成长。

案例故事

九层之台，起于累土；千里之行，始于足下。从一个只有技校文化程度的普通工人成长为雕刻火药绝活的高级技师、大国工匠，徐立平的成才之路没有捷径可走。他忠于职业，坚守岗位，从普通职工到攻克火药整形这一世界难题、将一件件大国利器送入太空的大国工匠，在长期的职业坚守中刻苦钻研，积累过硬"绝活"，圆了他心中的报国梦。

徐立平说，要做到"心手合一"并不容易，只能通过用心苦练。如今，徐立平已经练就了仅用手摸一下就能雕刻出符合设计要求药面的绝活，0.5毫米是固体发动机药面精度允许的最大误差，但是徐立平雕刻的火药药面误差却不超过0.2毫米，堪称完美。工作中，徐立平还不断琢磨，大胆创新，针对不同的发动机药面，他先后设计发明了20多种药面整形刀具，有两种获得国家专利，一种还被单位以他的名字命名为"立平刀"。

为国铸剑的大国工匠徐立平
（图片来源：百度图片）

徐立平是位创新的探索者，他的认识很朴素："总理不是也说吗，工匠精神就是做好自己的本职工作，精益求精，其实没那么多高大上的东西"。就是凭借着这样的一种信念，他仰望星空，将忠诚融入火药，他俯拾危险，把担当凝于刀尖，书写"大国工匠"爱国奉献的壮丽篇章。

（案例来源：根据央视网相关资料整理）

启迪

徐立平的成功，没有什么秘诀，用他的话说就是要用心地做好本职工作。他从不放弃岗位上勤学苦练，正是树立了这样的职业价值观，让他练就一身的"绝活儿"，成为一名大国工匠，这就是徐立平成功的重要因素。

谁能够如此，谁就可能在岗位上成功。

名人名言

如果只把工作当作一件差事，或者只将目光停留在工作本身，那么即使是从事你最喜欢的工作，你依然无法持久地保持对工作的激情。但如果把工作当作一项事业来看待，情况就会完全不同。

——比尔·盖茨

 活动体验

活动名称:职场对话。

活动目的:树立正确的职业价值观。

活动规则:通过对话,进一步澄清学生对职场中职业价值观的正确认识。

活动要求:一人扮演学生A,一人扮演学生B。

序号	学 生 A	学 生 B
1	一般说来,人性的本能会驱使人们希望什么都能得到。什么是最适合自己的工作?	但在现实生活中"鱼和熊掌是不可兼得的",提醒自己不可能什么都得到,清楚自己真正最想要是什么,才是理性的职业价值观,也才有可能找到最适合自己的工作。
2	一般的人认为金钱是一种工作成就的报酬,工作就是要找挣钱多、职位高的,才能体现职业价值。	但是对于一些人来说,特别是一些刚毕业的职场新人,现在拥有的知识、能力、经验和阅历,还不足以使其一走上社会就获得大量金钱回报。怀有一夜暴富的心理是不正常的,容易误入歧途。
3	社会上成功人很多,有担任较高职位的,有挣钱多的,有获得了各种奖励的,有实现了普通人难以完成工作业绩的。这些大家眼里的成功者,他们的共同点是什么?	但凡社会上的成功者,一般是取得了令我们多数人羡慕的工作业绩,这些最终都会归结为荣誉和实力。
4	能获得多数普通人赞赏的、有荣誉的成功,应该是每一位年轻人的追求。这种追求的起点在哪里呢?	成功的起点其实就在我们自己的职业岗位上,"做好自己的工作,这是你获得更大机会的更好方法""通过工作,活出生命的精彩"。这才是我们年轻人应该追求职业价值观。
5	个人只有在工作中为社会做贡献才能实现自己的职业价值。怎样才能获得个人合理的最大利益,或者说最好的职业价值。	提升职业价值最有效的途径就是忠于职业,坚守岗位,只有在长期的职业坚守中累积工作本领,才能真正长本事。

(1)在这个活动中,你感受到哪些是正确的职业价值观?

(2)你是否懂得了一个人的职业价值观正确与否,关系到其一生的成就?

我们每个人的职业价值观都是在工作中逐渐培养和形成的。我们面对工作的态度以及在工作中体现的素养和智慧,是影响价值观形成的关键因素。所以,要想拥有正确的职业价值观,每一个职场人都要清楚自己的真正需求,树立理性的职业价值观,学会端正工作态度,培养良好的职业素质,从而不断提升自己的职业价值。通过工作,活出生命的精彩。

模 块 总 结

　　工作岗位不仅是赚钱的场所,更是学习进步、实现人生价值的好舞台。在进行职业生涯设计时,自己应该知道什么是最有价值的,个人的职业规划一定要符合自己职业价值观。明确自身职业价值观,树立正确的人生价值观和职业价值观,全面提高自身的综合素质,有效缩短从"学校人"到"职业人"转变的时间,为实现职业生涯可持续发展奠定坚实的基础。

拓 展 训 练

1. 总结认识

通过课堂学习与活动,你对自己的职业价值观有哪些了解?请用一段话来描述。

2. 测试

了解自己职业价值观后,你怎么看待"敬业乐群,从我做起",测测你的真实感受。

A. 把工作当作人生需要

我的观点:

B. 让敬业成为你的工作态度

我的观点:

C. 坚守自己的工作岗位

我的观点：
_____
_____
_____

D. 把工作做到最好

我的观点：
_____
_____
_____

E. 成为团队中的一份子

我的观点：
_____
_____
_____
_____

3. 思考

通过对本课程职业价值观的学习和对本行业人才需求和行业发展的调研，你对未来的职业生涯发展是怎么认识的？请认真思考后填写下表。

A. 未来我想实现的职业理想。

1._____	2._____
3._____	4._____
5._____ ……	6._____

职业素养

B. 依次删除一个"自己最希望的"职业理想,并谈谈你有什么内心感受。

首先删除:_____
_____
_____
_____

其次删除:_____
_____
_____
_____

再次删除:_____
_____

C. 为什么要实现你认为重要的这个职业理想?

答:_____
_____
_____
_____
_____
_____

D. 为了在你规划的期限内实现你的职业理想,你会做出哪些努力?

答:_____
_____
_____
_____
_____
_____

模块三　职场礼仪

子曰："人无礼则不生，事无礼则不成，国无礼则不宁。"可见，礼仪对于个体、组织，乃至一个国家都会产生重要的影响。

礼仪是职业活动中不可或缺的组成部分，也是迈向职业成功的关键因素。职场礼仪是人们在职业活动中约定俗成的行为规范，对个体在职场中的言行举止、仪容仪表方面都具有一定的约束力。学习职场礼仪不仅能够塑造个人良好的职业形象，而且能够赢得他人的认可和肯定，促进职业活动的顺利开展。中职学生作为社会群体中的一部分，除了具备必需的职业技能外，要想取得职业的长足发展，在就业前要学习职场礼仪的相关规范，学会恰到好处地运用礼仪，做到知礼、懂礼、行礼，更加具备职业竞争力。

学习任务

1. 了解个人形象礼仪知识，了解求职面试礼仪的步骤以及职场交往礼仪中的有关知识。

2. 掌握个人形象礼仪、求职面试礼仪、职场交往礼仪的要点及注意事项。

3. 在学习、生活、工作中践行礼仪规范要求，完善自己的形象。

项目一　个人形象篇

情景导入

名人名言
形象是一生的战略问题。
——西曼

刘伟是一家大型国有企业的总经理。有一次，他获悉有一家著名的德国企业的董事长正在本市进行访问，并有寻求合作伙伴的意向，于是他想尽办法，请有关部门为双方牵线搭桥。

让刘总欣喜若狂的是，对方也有兴趣同他的企业合作，而且希望尽快见面。到了见面的那一天，刘总对自己的个人形象刻意地进行了一番修饰。根据自己对时尚的理解，他穿上了夹克配牛仔裤,头戴棒球帽,脚蹬旅游鞋。无疑,他为的就是给对方留下精明强干、时尚新潮的印象。

然而事与愿违,刘总自我感觉良好的这一身时髦"行头",却偏偏坏了他的大事。

原来,在人际交往中,每个人都必须时时刻刻注意维护自己形象,特别是在正式场合留给别人的第一形象。刘总与德国同行的第一次见面属于国际交往中的正式场合,应穿西服或者传统中山服,以示对德国同行的尊重。但他没有这样做,正如德国同行所认为的:此人着装随意,个人形象不合常规,给人的感觉是过于前卫,尚欠沉稳,与之合作之事再做他议。

(1)请指出刘总穿戴错误之处,你觉得这样的场面应该怎么塑造个人形象?

(2)你认为了解着装礼仪对打造个人形象有何影响?

由此,我们可以看出在正式场合个人形象的塑造是多么重要。一个邋遢、衣冠不整的人,常常让我们联想到其没有地位、缺乏修养、没有受过良好的教育。一个小细节可能让你多年的经营而搁浅,不得不说这是一件非常令人失望的事。所以,作为职场人士,务必要找准适合自己的形象,并且让人感觉你是值得信赖的、有分量的。那么在日常的工作和生活中,我们应该如何去塑造个人形象呢?

知识要点

合适的仪容仪表能够增加人的自信,使人心情愉悦、积极向上。成功的个人形象设计会让你从成百上千个条件相当的竞争者中脱颖而出,使你的职业生涯有一个更大的上升空间。为此,需要全方位地注重自己的个人形象、礼仪。个人形象礼仪主要表现在仪容、服饰、仪态上。

一、仪容与仪表礼仪

仪容与仪表是一个人精神、面貌的外在表现,也是一个人道德修养、文化水平、审美情趣、文明程度的具体体现。一个人留给他人的第一印象,往往是由他的仪表、举止、着装等方面构成的。成功的路从塑造形象开始,从一丝不苟的仪容仪表开始。整洁、得体、美观是仪容、仪表的基本原则。

风华正茂的学生,天生丽质,一般不必化妆。职业女性,在社交场合,适当的美容化妆则是一种礼貌,也是自尊、尊重他人的体现。在平时,以化淡妆为宜,注重自然和谐,不宜浓妆艳抹、香气袭人。

案例故事

心理学家做过一个试验:分别让一位戴金丝眼镜、手持文件夹的青年学者,一位打扮入时的漂亮女郎,一位挎着菜篮子、脸色疲惫的中年妇女,一位留着怪异头发、穿着邋遢的男青年在公路边搭车。

如果你是司机,你愿意让谁上你的车?为什么?

试验结果显示,漂亮女郎、青年学者的搭车成功率很高,中年妇女稍微困难一些,那个男青年就很难搭上车。

启迪

不同的仪表代表了不同的人,随之就会有不同的境遇,这不是以貌取人的问题。大家都了解第一印象的重要性,而研究发现,50%以上的第一印象是由人的外表造成的。外表是否清爽整齐,是让身边的人决定你是否可信的重要条件,也是别人采取何种方式对待你的首要条件。

二、着装与服饰礼仪

着装是一种无声的语言,显示着一个人的个性、身份、角色、涵养、阅历及其心理状态等多种信息。在人际关系中,着装直接影响别人对你的第一印象,关系到别人对你个人形象的评价,同时也关系到一个企业的形象。服饰穿戴须讲究几个原则:在着装礼仪上须做到与自身形象相和谐、与出入场所相和谐;要遵循TPO原则,TPO原则是世界通行的最基本的着装原则,告诉人们服饰穿戴应力求得当,与具体情况相协调。此外,服饰穿戴还要以有品位、整洁以及能驾驭服饰为原则。

1. 正式场合男士着装的礼仪

在庄重的仪式以及正式宴请场合,男士一般应着正装。一套完整的正装包括西装上衣、西裤、衬衫、领带、腰带、袜子和皮鞋。

上衣	衣长刚好到臀部下缘的位置,袖长到手掌虎口处,衣服与腹部之间可以容下一个拳头大小为宜
西裤	裤线清晰笔直,裤脚前面盖住鞋面中央、后至鞋跟中央
衬衫	长袖衬衫是搭配西装的最佳选择,颜色以白色或淡蓝色为宜。衬衫下摆要掖入裤腰内,系好领扣和袖口,衬衫里的内衣领口和袖口不能外露
领带	领带图案以几何图案或纯色为宜,领带长度以大箭头垂到皮带扣处为准
腰带	材料以牛皮为宜,皮带扣应大小适中,样式和图案不宜太夸张
袜子	袜子应选择深色的,切忌黑皮鞋配白袜子。袜口应适当高些,应以坐下跷起脚后不露出皮肤为准
皮鞋	搭配造型简单规整、鞋面光滑亮泽的式样。若是深蓝色或黑色的西装,可配黑色皮鞋;若是咖啡色系西装,可穿棕色皮鞋

知识链接

职场着正装的具体操作规范可概括为"三个三"原则：

"三色原则"。职场中,人在公务场合穿着正装,即全身服装的颜色不得超过三种颜色。

"三一定律"。职场中,人着正装必须使三个部位的颜色保持一致。具体要求是,职场男士身着西服正装时,其皮鞋、皮带、皮包应基本一色；职场中女士的皮鞋、皮包、皮带及下身所穿着的裙裤及袜子的颜色应当一致或相近。这样穿着,显得庄重、大方、得体。

为了使个人形象更加完美,良好的配饰可以起到画龙点睛的作用。女士常用的配饰有戒指、手提包,男士常用的配饰是手表和笔。原则上配饰数量不超过三件。

2. 正式场合女士着装的礼仪

在重要会议和会谈、庄重的仪式以及正式宴请场合,女士着装应端庄得体。

上衣	上衣讲究平整挺括,较少使用饰物和花边进行点缀,纽扣应全部系上
裙子	以窄裙为主,年轻女性的裙子下摆可在膝盖以上但不可太短,中老年女性的裙子应在膝盖以下,真皮或仿皮的西装套裙不宜在正式场合穿着
衬衫	以单色为佳之选。衬衫的下摆应掖入裙腰之内而不是悬垂于外,也不要在腰间打结,穿着西装套裙时不要脱下上衣而直接外穿衬衫
鞋袜	鞋子要注意可配搭性。中性色如黑色、咖啡色、土黄色、灰色、米色,可以与大多数颜色的服装互相配搭。袜子应是高筒袜或连裤袜。鞋袜款式应以简单为主,颜色应以西装套裙相搭配

在非正式场合,着装也要合乎礼仪。要干净、大方,符合场合内容和要求。

案例故事

经理派王小姐到南方某城市参加商品交易洽谈会,王小姐认为这是领导的信任,更是见世面、长本领的好机会。为了成功完成这次任务,王小姐进行了精心细致的准备。当各种业务准备完毕后,她开始为以什么形象参与会议而犯愁。经过认真思考,根据对商务形象的认识,她塑造的形象是：身着浅红色吊带上装和白色丝织裙裤,脚穿白色漆皮拖鞋,一头乌黑的长发披散在肩上,浑身散发着浓郁的香水味道。王小姐认为这样既能突出女性特点,清

> **名人名言**
>
> 服装建造一个人,不修边幅的人在社会上是没有影响的。
>
> ——马克·吐温

新靓丽,又具有时代感。她相信自己的形象一定能赢得客商的青睐。结果,出席会议的那天,王小姐看到参加会议的人们顿时觉得很尴尬,男士们个个都是西装革履,女士们也都是穿的职业装,唯独王小姐穿的是具有"时代感、清新靓丽"的服装去参会。整个会议开下来,王小姐神情特别不自然。当然交易洽谈最终也不如人意。

 王小姐在着装上犯了大忌。根据着装礼仪的要求,在人际交往的正式场合中,王小姐如此穿着是工作不严谨的表现。

三、体态与举止礼仪

体态泛指身体所呈现出来的各种姿势。可分为举止动作、神态表情以及相对静止的体态。体态无时不存在于你的举手投足之间,优雅的体态使人有教养,是充满自信的完美表达。善于用你的形体语言与别人交流,你定会受益匪浅。

1. 站姿

站姿基本要求:从正面看,全身笔直,精神饱满,面带微笑,两眼正视(而不是斜视),两肩平齐,两臂落于两腿正中;从侧面看,两眼平视,下颌微收,脖颈挺直,挺胸收腹,腰背挺直,手中指贴裤缝,整个身体庄重挺拔。

女士正确的站姿

男士正确的站姿

2. 坐姿

坐姿基本要求:入座时走到座位前,转身轻稳坐下,至少坐满椅子的2/3,后背轻轻靠椅背,双膝自然并拢(男士可略分开但不过肩宽),上身自然挺直,头正,表情自然亲切,目光柔和平视,嘴微闭,两肩平正放松,两臂自然弯曲放在膝上,掌心向下,两脚平放地面。女生如果穿的是裙装,落座时用手背捋裙子。女生应时刻记住:切忌坐下后腿成八字状伸开。

女士正确的坐姿

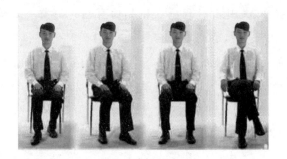
男士正确的坐姿

3. 走姿

走姿基本要求：上身要直，昂首挺胸。行走时，要面朝前方，双眼平视，头部端正，胸部挺起，背部、腰部、膝部尤其要避免弯曲，全身看上去形成一条直线。起步时身体要前倾，重心前移。步态要协调、稳健。双肩平稳，两臂自然摆动。摆动幅度以30度左右为宜。全身协调，匀速前进。行走时两脚内侧踏在一条直线上，脚尖向前。正确的行走姿势要从容、轻盈、稳重。

正确的走姿

4. 微笑

真诚：微笑要发自内心、自然大方、亲切，是内心情感的自然流露。

适度：笑得得体、适度，才能充分表达友善、诚信、和蔼、融洽美好的情感。

微笑礼仪的训练方法：

（1）对镜练习法：对着镜子笑，练习时双颊肌肉有力上抬，可以默念"茄子""一、七"，强化面部肌肉的控制。

（2）情绪记忆法：发挥自己的想象力，回忆美好的过去、愉快的经历，或者展望美好的未来，找到自己最满意的笑容，坚持训练。

(3)用门牙轻轻地咬住筷子。嘴角对准筷子,微微上翘15度,露出8(或6)颗牙齿,并观察连接嘴唇两端的线是否与筷子在同一水平线上,保持这个状态。

 活动体验

活动名称:体态礼仪训练。

活动目的:体现团队队员之间的配合,让学生明白团队合作的重要性。

活动规则:

(1)每班分成若干小组,以5~6人为一组,进行形体姿态的组合创编。

(2)设计步骤要求:掌握体态礼仪中的站姿、坐姿、行姿,给定音乐(大约4分钟),大家分组讨论并创编形体姿态组合,至少要五个队形变化和两个造型设计。

小组创编测试考核表

序号	测查内容	是	否
1	小组同学的仪容仪表是否合格		
2	形体姿态的动作是否整齐、标准		
3	小组同学是否有自信的面部表情		
4	出场造型是否有创新		
5	是否面带笑容,给人以友好的感觉		
6	编排队形是否符合要求的数量		
7	动作是否和音乐配合融洽		
8	结束造型是否有创意		

活动分析:

7~8个"是"——"A",你很优秀;

5~6个"是"——"B",你还可以更好;

3~4个"是"——"C",你仍需要努力;

3个"是"以下——"D"你还要多加练习。

活动要求:时间20分钟。

想一想

(1)通过分析结果,每组反省,对本组展示的结果满意吗?

(2)这个训练还告诉了我们什么道理?在该训练中,每个人应该怎样合作才最有效率?

项目二　职场交往篇

晓琳是一名中职文员专业学生,相貌平平、成绩一般,各方面能力都不出众,性格偏内向,是一名普普通通的学生。在她快要毕业时,听人说想找到好工作非常难,她十分焦急,准备了多份简历,投了多家公司,参加了多场面试,可都石沉大海,以失败告终。后来好不容易盼来一次机会,一家公司公开招聘前台文员的岗位,她非常重视,暗暗下定决心一定要成功。

可是要怎么做才能在这次求职中脱颖而出,成为一名合格的职业人呢?晓琳为自己列了一份求职准备清单。

> **名人名言**
> 博学于文,约之以礼。
> ——孔子

1. 求职前准备

(1)根据自己的需求,确定好自己的求职岗位,做好简历,写好求职信。

(2)做好面试准备,准备好面试服装、物件。

(3)自己进行几次模拟训练。

2. 面试准备

(1)准备、练习好自我介绍。

(2)准备面试时可能会被问的一些问题和自己想要问的问题,因此,要提前了解该公司文化。

(3)面试过程中的注意事项和礼仪规范。

晓琳根据自己的清单,开始了求职前的集训。

> (1)你觉得晓琳做得足够充分吗?
> (2)通过接下来的学习,你是否也可以为自己做一份进入职场的清单呢?

在如今的职场中,只有工作业绩的好坏,没有男人、女人的区分。作为职场新人,已经没有人再把你当成一名学生。所以,无论是谁,都要适应职场上的规则。而掌握职场礼仪,做到举止得体、礼貌待人,交往中懂得尊重他人、真诚待人、公正待人,你的职业生涯也许会更加顺利,更容易获得成功。

一、求职与面试礼仪

求职与面试中的礼仪,是对求职者进行评价的一个非常重要的因素。透过礼仪可以看出求职者的素质和涵养,它甚至决定着求职的成败。所以,每一个求职者都不能忽视求职过程中的每一个细节。

1. 求职准备礼仪

求职是一个推销自己的过程。求职的第一步就是做好自己的简历与求职信,一份吸引人的求职简历,是获取面试机会的敲门砖。在书写求职信与制作简历时,要表现出自己的优势与独特,要注重礼仪的要点。

(1)确定自己的求职岗位。根据自己的应聘单位及岗位,书写求职信。简历使用配套的纸张,求职信要注意格式,写明姓名、地址、电话号码、邮箱等重要信息。

(2)求职信中不要滥用名言,简历内容要真实得当。使用敬称"尊敬的招聘主管"。

(3)求职信中,要重点表达对工作的热爱与择业意向的坚定,展示自己各方面的能力和素质,不重复与简历相同的内容。内容要严谨,语言要规范、简洁、大方。求职信一般不超过一页。对于工资、福利待遇问题,可在面试时商议。

2. 面试礼仪

(1)进入面试场所时要先敲门,进门后主动打招呼;如果房门敞开,应向室内的人点头示意,道明来意;面试结束时微笑起身、致谢、告辞。

(2)面试中保持良好的礼仪体态,不能有过多的小动作,如咬嘴唇、抠指甲等。小动作反映求职者内心紧张,给人感觉不自信、缺乏礼仪素养,直接影响面试的成功率。

(3)说话要注意速度、声音和内容。说话一定要简洁、清晰、准确,语速适中。无论是回答还是提问,都要在脑海中先组织一下语言,不可立即说出,给人不够稳重和做事不踏实的感觉。

(4)面试态度要积极,要谦虚慎言。面试时,表现出你对用人单位的诚意,察言观色,观察招聘人的神情,做出相应对策。保持平和的心态,避免一切较为激动的感情流露。要表现得友善、容易相处、态度诚恳。

（5）面试结束时做好详细记录，总结得失，无论成功与否，都要淡定对待，对用人单位表示感谢。结束后，对此次面试做一个翔实的总结，分析得失。

 活动体验

活动名称：面试模拟。

活动目的：通过面试模拟，检查学生对求职面试礼仪的掌握情况。

活动规则：

每班分成若干小组，以5～6人为一组，进行面试礼仪的模拟。1人为求职者，其他人为面试考官。请根据自身专业，结合本测试进行综合测评，考察求职者各方面的综合素质。

活动结果分析：

序号	测查内容	是	否
1	着装是否符合行业标准		
2	头发是否干净整洁		
3	是否化有适宜的妆容		
4	礼仪体态是否标准		
5	是否面带笑容，给人以友好的感觉		
6	说话是否能让你听清楚		
7	表述是否准确、不啰唆		
8	回答问题是否从容、有条理		
9	是否没有过多的小动作		
10	是否向你了解过企业（单位）的相关问题		
11	面试全程是否有礼貌、有修养		
12	你和他（她）的短暂交流，是否让你记住了他（她）		

12个"是"——你非常优秀。

10～11个"是"——优秀，你还可以更好。

8～9个"是"——合格，你仍需努力。

7个"是"及以下——不合格，你还要多加练习才行。

活动要求：时间为20分钟。

> 想一想
> （1）测评前，你是否同晓琳一样，为自己做了一份进入职场的清单呢？
> （2）通过分析结果，你是否满意？还需要从哪些方面去努力？

二、职场办公礼仪

（一）办公室礼仪

在职场中要想成为一名优秀的职业人,还应该善于经营人际关系,建立友好的同事关系,这样才能使自己在职场中一步一步走向成功。

（1）办公室环境。整理好个人的办公环境,做到有序、整洁;对集体公用的办公环境,也要尽力维护。作为职场新人,主动帮助大家整理办公室卫生,也是为自己打好人际关系的一个影响因素,但不要过于表现。

（2）办公室举止礼仪。出入办公室,随手关门;进入别人的办公室,先敲门,得到允许后方可进入;在办公室内活动,要庄重、自然、大方;在行为举止上,做到站有站相、坐有坐相;在着装上,不要穿背心、拖鞋。

（3）办公室语言。礼貌为先,上班时和同事互相问好,下班时互相道别;需要别人帮助时要表达谢意,打扰别人时,要表达歉意;做好自己的事情,不在背后议论同事,不炫耀自己;不在办公室聊过多的私人事情,与人说话态度要友善、和气。

（4）办公室用餐。办公室是职员办公场所,应尽量避免在自己的座位上进餐,实在不能避免的情况下,尽量节约时间,尽快清理食物残羹或者就餐完毕后迅速通风,以保持工作区域的空气流通,不影响他人。

（5）尊重隐私。未经允许不翻阅他人的任何物品;不随便打听别人的私事、损伤他人的名誉。

（6）接听电话。如果接听私人电话最好离开办公场所,以免打扰其他同事的工作;在接听电话时,一般应在电话响起第二声时接起,自报公司名称,再了解对方,如需转达,仔细倾听对方的来电,做好记录,反馈给当事人;在公务电话中,要用精炼的职业语言,用友好的语言结束电话,待对方挂断后方可挂断。

（二）与同事、上司交往礼仪

同事,是在单位里与之共事、朝夕相处的人。上司,是在单位里工作关系上的领导。

职业素养

要处理好与同事、上司的关系,和睦相处,顺利开展工作,我们应注重交往的礼仪细节。

真诚以待	对待同事和上司,应该以诚相待,不做作、不虚假,亲切友善、一视同仁
公平竞争	在遇到评选和竞争时,不搞个人主义,与同事公平竞争,不埋怨、不气馁
宽以待人	君子之交淡如水,与同事的交往应互相宽仁,互相不苛求、不强迫、不嫉妒
相互关心	学会优先付出、不求回报,主动关心对方,在对方需要帮助时,鼎力相助
保持距离	注意分寸、适可而止,不要过分热情或是过分冷酷,避免引起对方的反感
尊重上司	尊重上司、服从上司,维护上司的威信;不跨级汇报;做事全力以赴

  案例故事

毕业了,方华很是高兴,因为她终于在众多竞争者中脱颖而出,进入了梦寐以求的公司,在同学中最先找到了自己满意的工作。面对即将到来的新生活,她既激动又紧张。上班第一天,她穿好职业装走进办公室,刚想开口给前辈问好,后面一个声音传了出来:"大家好,我叫陈东,是这次新来的,请各位前辈多多指教。"方华非常生气地说:"这么没有绅士风度,不懂女生优先吗?明明是我先来的!"接下来,没想到方华和陈东都分配到前台工作,主管分配给方华和陈东各自的工作任务,方华负责给每个办公室发派报纸和一些事务性的杂活,陈东只负责来客的接待。方华问主管:为什么我做这么多事,陈东只做来客接待?

职场中,尊重周围所有人,你才会赢得所有人的尊重。我们在注重个人内外兼修的同时,作为一名优秀的职业人,还应善于经营人际关系。真心去经营,注重为人处世的口碑,建立友好的同事关系、良好的人际关系,这样才能使自己一步步地走向成功。

  活动体验

活动名称:情境编创表演。

活动目的:巩固办公室礼仪的基本知识和技能,灵活运用职场办公礼仪。

活动规则:

(1)将班级分为几个小组,每小组5~6人,根据职场办公礼仪的知识点,编创一个情景剧,表演《办公室里的故事》。

(2)角色要求:1人饰演领导,其他饰演人员由各组自行安排。故事内容由各小组自由编创,主题要明确,有学习和教育意义。

活动结果分析:

测 试 反 馈

组别	编创的知识要点是什么？	演绎的礼仪要点是否准确？	在生活工作中,是否已经掌握剧中的礼仪要点？	观众的认可和喜爱情况如何？
1 小组				
2 小组				
3 小组				
4 小组				
5 小组				

活动要求:时间为 20 分钟。

(1)在职场中,与领导和同事相处时,有哪些礼仪要求？

(2)你怎样看待办公室礼仪要求？本训练中,每个人应该怎样合作,才更有效率？

(三)电话礼仪

在工作中,电话语言直接影响着一个公司的声誉;在生活中,人们通过电话也能粗略判断对方的人品、性格。因此,掌握正确、礼貌的接打电话方法非常重要。

1. 接听电话

(1)准备记录工具。在接听电话前,要备好记录工具,如:笔、纸、手机、计算机。

(2)停止一切不必要的动作。

(3)迅速接听并使用正确的姿势。听到电话铃声,应准确、迅速地拿起听筒,最好在铃声响起三秒之内接听。

(4)认真清楚地记录:随时牢记 5W1H 技巧,即 When(何时)、Who(何人)、Where(何地)、What(何事)、Why(为什么)、How(如何进行)。在工作中,这些资料都是十分重要的。

2. 拨打电话礼仪

(1)要选好时间。打电话时,如非重要事情,应尽量避开受话人休息、用餐的时间,尤其是不要在节假日时间打扰对方。

(2)要掌握通话时间。打电话前,将电话内容整理好,正确无误地查好电话号码后,向对方拨出号码。

不适合通话的时段:
▸ 忙碌的时候
▸ 用餐、午休时间
▸ 惯性工作时间
▸ 下班前10分钟
▸ 过早或过晚时

(3)要态度友好。通话时不要大喊大叫。

(4)用语要规范。通话之初,应先做自我介绍。请受话人找人或代转时,应说"劳驾"或"麻烦您"。

 **活动体验**

活动名称:电话情境模拟。

活动目的:巩固电话礼仪知识。

活动规则:

(1)活动场景。

你去办公室找王老师,王老师刚好有事要出去,请你看一下门,这时候有电话打进来找王老师。告知对方王老师不在的对话场景。

(2)活动过程。

①电话铃一响,拿起电话机,首先说明这里是王老师的办公室,然后再询问对方来电意图。

②向对方说明老师不在,问对方有什么事情,如果有必要的话,可以代为转告老师;如果需要亲自跟老师沟通的话,转告王老师,请王老师回来后给对方回电话。

③电话交流过程中要认真理解对方意图,并对对方的谈话作必要的重复和附和,以示对对方的积极反馈。

④电话内容讲完,应对方先结束谈话,再以"再见"为结束语。对方放下话筒之后,自己再轻轻放下,以示对对方的尊敬。

两名同学一组上台进行模拟,其他同学来评估。

序号	测查内容	是	否
1	模拟同学的接电话时间是否合格		
2	接电话时是否采用了规范的职业用语		
3	模拟同学是否有愉悦的面部表情		
4	是否提前进行了记录的准备		
5	在电话记录时是否将5个要点记好		
6	挂电话前是否用礼貌用语		

活动要求:时间为10分钟。

(1)打电话有哪些礼仪知识?你是否都做到了?

(2)生活中的你,打电话时是否有不符合礼仪规范之处?怎么改正?

三、职场交往礼仪

(一) 见面礼义

"爱人者,人恒爱之;敬人者,人恒敬之。"礼貌的语言、得体的举止、自然的表情、规范的礼节,都会给人留下深刻的印象。

1. 点头礼

点头礼是一种生活常用的礼节。邻居见面、同事见面、陌生人初次见面场合下,都可以用点头来表示友好。

点头礼的规范动作:上身微微前倾,眼睛注视前方,面带微笑,微微点头。男士点头时,速度稍微快些,稍有力度,体现出男士的阳刚与潇洒;女士,速度稍慢,力度适中,体现出女性的温良娴雅。

2. 握手礼

在现代商业社会,见面握手是最基本的礼仪。通过握手,可以表达出对对方的问候、祝贺、感谢或是告别之意。它貌似简单,其实承载着丰富的交际信息,你是否明白其中的礼仪细则,能否"正确"地行握手礼呢?

知识链接

握手最早发生在人类"刀耕火种"的年代。那时,在狩猎和战争时,人们手上经常拿着石块或棍棒武器。当遇见陌生人时,如果大家都无恶意,就要放下手中的东西,并伸开手掌,让对方抚摸手掌心,表示手中没有藏武器。这种习惯逐渐演变成今天的"握手"礼节。

  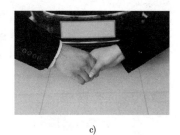

a) b) c)

握手的姿势:双腿立正,伸出右手,手自然抬高到斜下方 45 度位置,上身略向前倾,四指并拢,拇指张开与对方相握,眼睛平视前方,面带微笑,与对方亲切问好时握手。

握手的力度:握手力度适中,上下稍晃动三四次,随即松开,恢复原状。力度过大会给对方造成疼痛感和不适感,有气无力则会给人以冷漠无情、没有诚意。

握手的顺序:以尊者、女士优先;上下级,上级先伸手,下级迎握;长辈与晚辈,长辈先伸手,晚辈迎握;主人与客人,主人先伸手,客人迎握;男士与女士,女士先伸手,男士迎握。

握手的禁忌:勿用左手;不将左手插在裤兜里,不东张西望、心不在焉;不要拒绝与别人握手;握手时间应控制在3秒以内,握手的同时不要滔滔不绝地聊天,或握着手抖个不停;不戴墨镜和手套握手。

(二)介绍礼仪

介绍是人与人之间沟通和了解的桥梁,是良好合作的开始。在职场中,经常需要与生人打交道,介绍礼仪是社交中常见而重要的环节,了解了这些礼节,就能更好地进行社交活动。

1. 自我介绍

自我介绍是日常工作中与陌生人建立关系、打开局面的一种非常重要的手段。进行自我介绍时,要组织好语言、注意掌握好时间,内容简练利落,突出自己的优点。在不同场合下,自我介绍的方式也不同。

工作式:工作时的自我介绍,简单明了即可。主要内容包括:姓名、单位、部门(职务),也可加上个人特长、性格,如:"你好,我叫××,是××公司的销售经理。"

礼仪式:适用于讲座、报告、演出、庆典、仪式一些正规而隆重的场合,有时还应加入一些适当的谦辞、敬辞,如:尊敬的各位来宾、热烈欢迎、衷心感谢。

交流式:多适用于社交、学术、培训交流场合,希望对方了解自己。介绍内容包括:姓名、工作、籍贯、学历、兴趣、性格。

 知识链接

自我介绍要求和禁忌:

1. 追求真实。尽量遵循实事求是,真实可信。切忌过分谦虚、自吹自擂、夸大其词。

2. 充满信心和勇气。切忌妄自菲薄、心怀怯意。

3. 自我评价要掌握分寸。一般不宜用"很""第一"等修饰语。

2. 为他人介绍

自己为中介人,介绍不认识的双方互相认识。为他人做介绍时有其相应的规则。

介绍的姿态	一般都应该站立,保持好三方的距离。五指并拢,手心朝上,手指指向被介绍的人,面带微笑进行介绍。语言和语气表现出真诚,介绍时,目光平视,表情愉悦,仪态自然大方
介绍的内容	准确地介绍双方的姓名、身份等基本情况。如果时间允许,还可介绍双方的爱好、特长,为双方提供交谈的话题
介绍的顺序	遵守"尊者优先"的规则。把职位低者、晚辈、男士、未婚者分别介绍给职位高者、长辈、女士和已婚者;将主人介绍给客人;将同事介绍给客户

 活动体验

活动名称：情境编创表演。

活动目的：巩固见面、介绍礼仪的基本知识和技能，并能熟练运用。

活动规则：

(1)场景模拟：A贸易公司一行五人：总经理李强、副总经理李大成、业务主管陈涛、公关主任吴华、经理助理张明，前往B公司进行商务拜访。B公司接待团也由五人组成：总经理关大军、副总经理李凯、业务主管宋元、宣传部长郭力、秘书杨丽丽。当天A贸易公司一行到达B公司大门时，双方之间的介绍应该如何进行呢？请同学们分组演练(包括问候、握手、介绍礼仪形式)。

(2)分组演练完成，学生分别模拟角色表演，抽2～3个小组代表上台试演，全班评议。

活动要求：每小组按照规则进行角色扮演。

想一想

(1)小组自我总结，是否都做到了见面、介绍礼仪的基本要求？

(2)在训练过程中，你是否做到了将语言表达与面部表情相结合？

(三)名片礼仪

在社交场合，名片是常用的交往手段。名片虽小，但上面印有单位名称、头衔、联络电话、地址，它可以使获得者认识名片的主人，与之联系，可以说，它是另一种形式的身份证。所以接受名片或递出名片时，绝不可以随随便便。

1. 递送名片

名片的递送，要讲究礼仪。通常在自我介绍后或被别人介绍后出示名片，恰到好处地递出名片，可以显示自己的涵养和风度，可以更快地帮助自己进入角色。递送名片最重要的是慎重、诚心。

职业素养

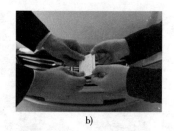

a) b)

名片的递送,一般是由晚辈先递给长辈,递送时应起立,上身向对方前倾以敬礼状,表示尊敬。并用双手的拇指和食指轻轻地握住名片的前端;为了让对方容易看清名片内容,名片的正面要朝向对方,递送时可以同时报上你的大名,使对方正确读你的名字。

2. 接收名片

接收名片的方法:对方递上名片,应用双手接下,并认真拜读。此时眼睛注视着名片,认真看对方的身份、姓名,也可轻轻读名片上的内容,然后把对方的名片放在随身携带的包里,一定要让对方感受到你很重视这张名片。

小玉原是一家五金工厂的办公室文员,月收入2200元。虽然收入不算多,但她挺满足的。这份工作她只做了三个月,就失业了。说起辞退她的原因,老板说是小玉不懂得尊重老板。

原来,小玉的主要工作是负责接电话、为客户开单、购置一些办公用具,工作并不复杂,也不累,相对于整天工作在高温机器旁以及在烈日下送货搬货的同事,她自己都感觉工作很舒服。应该说,她是很珍惜这份工作的,尽管每天从早上八点一直工作到晚上八点,但小玉下班后仍然喜欢待在办公室,毕竟这里有空调,好过只有电风扇的集体宿舍。因为善于交际,小玉的朋友们下班后总喜欢来找她玩。朋友可以在小玉有空调的办公室聊天、看看报纸、上网。小玉的老板认为,每个人都有朋友,在下班时间来找她玩,在办公室聊天无可厚非,她还可顺便接听一些业务电话,因此他对此事从来都没有加以限制。后来,有一次老板从外地跑业务后赶回厂里拿货,回到办公室时,遇到小玉和她的两个好朋友,不知道为什么,小玉并没有将老板介绍给朋友认识,而是自顾自地干自己的活。而因为小玉没有介绍,她的两个朋友也没有和老板打招呼,虽然停止了聊天、打牌,但却坐在那里不知所措。性格偏内向的老板也没有主动向她们打招呼,气氛很尴尬。片刻后,小玉的两个朋友起身离开,也没有向老板打招呼。事后不久,小玉就失去了这份工作。

在职场交往场合中要讲究交往礼仪,约束自己的行为。处理人际关系时,要懂得尊重他人、待人真诚,职场交往中说话、行事应依据平等、融入、互惠互利、相容与竞争的基本准则,这样才会使你赢得别人的尊重、左右逢源、事业蒸蒸日上。

 活动体验

活动名称:职场交往礼仪自我评估。

活动目的:通过演练加深对交往礼仪规范的理解,为步入社会奠定基础。

活动规则:将全班同学分成若干小组,每组5~7人,分别担任不同情景中的不同角色,进行礼仪演练。

(1)情境描述。

结合见面礼义、介绍礼仪、名片礼仪及电话礼仪内容,自编一个职场情景剧。

(2)评估标准和结果分析

序　号	测查内容	选　项
见面礼仪	1. 在与人见面时会经常用点头礼仪	做得很好○ 基本做好○ 尚未做好○
	2. 鞠躬礼仪的姿态到位	
	3. 与人握手时机和力度适中	
介绍礼仪	4. 掌握介绍礼仪的人物顺序要求	
	4. 语言组织清晰、有条理	
名片礼仪	5. 在递接名片时掌握语言技巧	做得很好○ 基本做好○ 尚未做好○
	6. 名片的制作合理且有一定个性	
电话礼仪	7. 接电话时面带笑容,给人以友好的感觉	
	8. 要提前准备好记录,做好记录的几个要点	

活动要求:空旷的场地;时间为20分钟。

想一想

(1)根据评估,了解自身交往礼仪的掌握程度,对还未掌握的礼仪细节如何进行强化练习?列出你的计划。

(2)中职学生掌握交往礼仪规范,对将来进入社会有什么作用?

模 块 总 结

中职学生在职场中,除了要具备过硬的职业技能,还要有较高的职业素养,而礼仪是职业素养中的一个重要方面。一个具有良好的礼仪素质的人,在交际活动中总能恰当地处理好各种关系,懂得尊重他人,举止得体,给人留下良好的印象,从而迅速融入社会,获得更多的成功机会。相反一些基本礼仪素养有欠缺的人,经常会无意中得罪人,处处碰壁,从而面临职场困境。因此中职学生进行礼仪教育,掌握符合社会要求的各种行为规范,不仅满足中职学生走向社会的需要,而且,还可培养中职学生适应社会生活的能力,得到更多的成功机会。

拓展训练

1. 案例分析一

炎热的夏天,某居民区苏太太家的门铃突然响了,苏太太打开门一看,是一位戴着墨镜的年轻男子,于是狐疑地问:"您是?……"这位男子也不摘下墨镜,而是从口袋里摸出一张名片,递给苏太太,"我是保险公司的,专门负责这一带的业务。"苏太太接过名片一看,不错,但推销员的形象,却让她打心底里反感,边说:"对不起,我们不投保。"说着就要关门。而这位男子动作却很敏捷,已将一只脚迈入门内,一副极不礼貌的样子,"你们家房子装修得这么漂亮,真令人羡慕,可是天有不测风云,万一发生个火灾什么的,再重新装修,势必要花很多钱,倒不如你现在就买份保险……"苏太太越听越生气,光天化日之下,竟然有人来诅咒她家的房子,于是,硬把年轻男子赶了出去。

思考:

(1)这位推销员哪些言行举止不符合礼节?

(2)作为一名商务人员应如何加强仪表仪态修养?

(3)根据自己的身材条件,谈谈自己如何着装更得体(结合自身特点和所学专业)。

2. 案例分析二

小蔡进入公司设计部时,部长把她安排给一个叫赵刚的同事做搭档。赵刚是公司的老员工,工作上积极能干,但由于迟迟得不到提拔而郁郁寡欢。与这样的前辈一起工作,小蔡总是感觉到一股压力,采取了敬而远之的态度,除非是工作需要才与他多说几句话。就这样,让赵刚产生了一种小蔡看不起他的心理。逐渐两人之间产生了一种对抗情绪,在工作上各持己见,总无法得到调和。小蔡也越来越不想去上班,产生了辞职的念头。

思考:

(1)职场人应该如何与同事相处?你能帮助小蔡吗?

(2)职场中怎样与同事、上司交往呢?

3. 思考与练习

在求职面试时,进门的第一步就决定了你能否被录用。你同意这个观点吗?

模块四　职场沟通

　　沟通是人与人之间、人与群体之间思想与感情传递的桥梁。在职场中沟通也是一种技能,是一个人对本身知识能力、表达能力、行为能力的发挥。单纯用说话去解读沟通太过片面,也缺乏对实际应用的指导作用。说话可以是无目的性、无时间约束、无内容限定的;而沟通是为达成某个特定的目标而将信息、思想和情感在特定对象之间传递并反馈的过程。良好的沟通在我们的日常生活中能产生促进与他人相互理解、创造和谐的作用;能够增进情感、建立信任;帮助我们结交朋友、增添人脉,更重要的是能够调节自我,帮助他人培养正向的价值观。在职场,无论是身为管理者还是员工,有效的沟通是各项工作顺利开展的前提。企业的运转由各种事务性工作所构成,所有的事项又都是由人来推动前行,人与人之间衔接最重要的方式就是沟通,

虽然现在很多企业为了提高管理水平,尽可能减少人的因素对工作产生影响而应用信息化管理技术,但是人还是在整个工作链条中位于核心的位置。准确理解公司决策,有利于提高工作效率,化解管理矛盾;有利于预防不确定和不稳定因素,促进工作顺利开展;同时,也有利于在企业内部形成健康积极的企业文化。

> **学习任务**
>
> 　　1. 了解职场沟通的基本要求,理解职场沟通的意义。
> 　　2. 会尊重自己和他人,平等待人,真诚礼貌,学会倾听,善于表达。
> 　　3. 与人沟通时能够对语言进行灵活运用和把握,找准出发点、着眼点开展沟通。

职业素养

项目一 职场沟通的必要性

情景导入

有一个单位招聘业务员,由于公司待遇很好,所以很多人踊跃报名参加面试。经理为了考验大家就出了一个题目:让应聘者用一天的时间去向和尚推销梳子。很多人都说这不可能的,和尚是没有头发的,怎么可能向他们推销?于是有些人就放弃了这个机会。但是有三个人愿意试试。三天后,他们回来了。

第一个人卖了1把梳子,他对经理说:"我看到一个小和尚,头上生了很多虱子,很痒,在那里用手挠,我就骗他说用梳子挠头解痒,于是我就卖出了一把。"

第二个人卖了10把梳子。他对经理说:"我找到庙里的主持,对他说如果上山礼佛的人的头发被山风吹乱了,就表示对佛不尊敬,是一种罪过,假如在每尊佛像前摆一把梳子,游客来了梳完头再拜佛就更好!于是我卖了10把梳子。"

第三个人卖了3000把梳子!他对经理说:"我到了最大的寺庙里,直接跟方丈讲,你想不想增加收入?方丈说想。我就告诉他,在寺庙最繁华的地方贴上标语,捐钱有礼物拿。什么礼物呢,一把功德梳。这个梳子有个特点,一定要在人多的地方梳头,这样就能梳去晦气,梳来运气。于是很多人捐钱后就梳头。一下子就卖出了3000把。"

想一想

(1)第三个人为什么能在看似不会成功的事情上取胜?
(2)沟通的力量到底有多强大?

知识要点

一、职场沟通的定义

什么是沟通?

沟通,是人与人的交流。而什么是交流?就是信息传递。所有人与人的信息传递,都是沟通。不管是有意的,还是无意的;不管是主动的,还是被动的;不管是单向的,还是

双向的;不管是一对一的,还是一对多的,还是多对多的;不管是语言的,还是非语言的;不管是口头的,还是书面的;不管是即时的,还是异步的。

那么,什么是职场沟通呢?

职场沟通,就是位于职场内的人之间的信息传递。

二、职场沟通的要素

职场沟通是一种信息传递,那么信息传递的方法论是什么?无论是否达成目的,一个职场沟通要想成立,需要以下几方面的要素:

(1)职场沟通主体。谁和谁沟通。

(2)职场沟通的主题。沟通主题突出,但是实际上经常跑题。

(3)职场沟通的语言。语言是沟通内容的传递格式。

(4)职场沟通的媒介。过去科学技术不发达,沟通只有3种媒介:人体自身语言、书信、电话。而现在互联网技术的进一步发展,单是即时沟通工具就有不下10种,如:QQ、msn、微信、微博、旺旺等。

(5)职场沟通的时间。职场沟通中的时间选择一定要以获得最大职场便利和职场利益为先决条件。

(6)职场沟通的地点。职场沟通的地点是面对面沟通不可或缺的先决条件。

(7)沟通的互动方式。沟通是单向的(讲话),还是双向的;是一对多,还是多对多的;是随意发言,还是受控发言(比如新闻发布会的记者提问)。

> **名人名言**
>
> 如果希望成为一个善于谈话的人,那就先做一个注意倾听的人。
>
> ——卡耐基

 活动体验

活动名称:销售中的异议。

活动目的:商品的推销和售后服务是销售过程中的关键环节,在这其中怎样与顾客进行很好的沟通,让他们对公司的产品感到满意,是每一名销售人员应该考虑的问题。

活动规则:

(1)将学员分成2人一组,其中一个是A,扮演销售人员,另一个是B,扮演顾客。

(2)场景一:A现在要将公司的某件商品卖给B,而B则想方设法地挑出本商品的各种毛病,A的任务是一一回答B的这些问题,即便是一些吹毛求疵的问题,也要让B满意,不能伤害B的感情。

(3)场景二:假设B已经将本商品买了回去,但是商品现在有了一些小问题,需要进行售后服务,B要讲一大堆对于商品的不满,A的任务仍然是帮他解决这些问题,提高他的满意度。

(4)交换一下角色,然后再做一遍。

(5)将每个组的问题和解决方案公布于众,选出最好的组给予奖励。

活动要求:时间为15分钟;场地为室内。

> **想一想**
>
> (1)对于A来说,B的无礼态度让你有什么感觉?在现实的工作中你会怎样对待这些顾客?
>
> (2)对于B来说,A怎样做才能让B觉得很受重视、很满意,如果在交谈的过程中,A使用了像"不""你错了"这样的负面词汇,B会有什么感觉?谈话还会成功吗?

当我们步入职场以后便要开始学会怎么有效地与人沟通,掌握职场要求的说话之道。

(1)对待顾客的最好的方法就是要真诚地与他沟通,站在他的角度思考问题,想方设法地替他解决问题;能够解决的问题尽快解决,不能解决的要对顾客解释清楚,并且表示歉意;有时候即便顾客有些不太理智,销售人员也要保持微笑。始终记住:顾客是上帝,上帝是不会犯错的!

(2)在交流的过程中,语言的选择非常重要,同样的意思用不同的话说出来意思是不一样的,多用一些积极的词汇,尽量避免使用一些否定、消极的话语,这样才能让顾客心里觉得舒服,让顾客满意。所以,对于公司的主管来说,要在平时多注意培养员工这方面的素质。

三、职场沟通的六个要点

1. 聆听

交谈时,你需要用心聆听对方说话,了解对方要表达的信息。若一个人长时间陈述,说话的人很累,听的人也容易疲倦,因此,在交谈时,适度地互相对答较好。

2. 记录

"没有记录等于没有发生",书面的记录沟通能有利于信息的充分、准确传播,提升执行力,让信息沟通更顺畅。

3. 微笑

微笑是职场沟通最简单而有效的方式,它是人与人进行沟通的最快捷的方式,平和如天使般的微笑不仅可以使个人魅力得以提升,还可以给您的生活、工作增添明媚的阳光和无限的暖意。

4. 目光交流

目光交流处于人际交往沟通的重要位置。人与人之间的信息交流,总是以目光交流为起点。目光交流发挥着信息传递的重要作用,故有所谓"眉目传情"。

5. 心灵沟通

心灵沟通的基础是沟通,没有沟通怎么能够深入到心里,又怎么能够进入到心灵?先彼此无条件倾听,然后分享对彼此的期待,看看彼此的内心需要。

6. 真诚表达

"精诚所至,金石为开",唯有真诚之心才能打动人心,以真诚之心对待他人,是良好沟通的极佳基础,因此我们才能获得他人的信任,建立良好和谐的关系。

> **名人名言**
>
> 与人交谈一次,往往比多年闭门劳作更能启发心智。思想必定是在人与人交往中产生,而在孤独中进行加工和表达。
>
> ——列夫·托尔斯泰

四、职场沟通的障碍

1. 影响职场沟通的因素

直接影响工作效率的四种能力:自学能力、自我管理能力、问题解决能力、沟通能力。你自己可能也在这样的沟通误区、理解误区、思维误区里而不自知。而沟通障碍是沟通误区中的主要因素。所谓沟通障碍,是指信息在传递和交换过程中,由于信息意图受到干扰或误解,而导致沟通失真的现象。在人们沟通信息的过程中,常常会受到各种因素的影响和干扰,使沟通受到阻碍。

2. 沟通障碍的来源

而沟通障碍主要来自三个方面:发送者的障碍、接收者的障碍和信息传播通道的障碍。

发送者在沟通过程中,信息发送者的情绪、倾向、个人感受、表达能力、判断力都会影响信息的完整传递。障碍主要表现在:表达能力不佳,信息传送不全,信息传递不及时或不适时,知识经验的局限,对信息的过滤。

接收者从信息接受者的角度看,影响信息沟通的因素主要有五个方面:信息译码不准确、对信息的筛选、对信息的承受力、心理上的障碍、过早地评价情绪。

沟通通道的问题也会影响沟通的效果。沟通通道障碍主要有以下几个方面:①选择沟通媒介不当。如对于重要事情而言,口头传达效果较差,因为接受者会认为"口说无凭","随便说说"而不加重视。②几种媒介相互冲突。当信息用几种形式传送时,如果相互之间不协调,会使接受者难以理解传递的信息内容。如领导表扬下属时面部表情很严肃甚至皱着眉头,就会让下属感到迷惑。③沟通渠道过长。组织机构庞大,内部层次多,从最高层传递信息到最低层,从低层汇总情况到最高层,中间环节太多,容易使信息损失较大。④外部干扰。信息沟通过程中经常会受到自然界各种物理噪声、机器故障的影响或被另外事物干扰所打扰,也会因双方距离太远而沟通不便,影响沟通效果。

3. 影响沟通过程的因素

下面我们来看看有哪些会影响沟通的过程。克服这些因素,或尽量降低它们的影响,我们就能够更有效地沟通。

(1) 感受不同。

我们如何看待这个世界,大部分取决于我们过去的经验,因此不同年龄、国籍、文化、教育、职业、性别、地位、个性的人,对于同样的情境会有不同的感受。感受不同,往往也是许多沟通障碍的根源。

(2) 妄下结论。

我们往往只看到自己预期会看到的,只听到自己预期会听到的,而非完整接收实际存在的整体,其结果常常就是"捕风捉影",妄下结论。

(3) 刻板印象。

我们必须从经验中学习,因此我们常倾向于把人归类在特定的框架中。"天下乌鸦一般黑",这句话就是代表。

(4) 缺乏兴趣。

沟通过程中最大的一个障碍,就是对方对你的信息兴趣缺失。你应该时时记住这一点,因为我们很容易就假设,我们自己关心的事,别人也一样关心。如果你发现对方兴趣缺失,有个办法就是调整传达信息的方式去迎合对方的兴趣和需求。

(5) 缺乏知识。

如果对方的教育背景与你很不一样,或是对谈话主题了解极少,要有效沟通就很困难。这时你就必须了解双方的知识差距,妥善调整沟通的方式。

(6) 表达困难。

如果你找不到恰当的字眼来表达你的想法,势必会影响沟通的过程,这时你就得增加自己的词汇量。如果是缺乏自信所造成的表达困难,则可以通过事前的准备和计划来克服。

(7) 情绪。

接收者和沟通者的情绪,也可能成为沟通的障碍。人在情绪激动的时候,往往会陷入情绪的漩涡中,无法接受不一样的信息。因此,应避免在情绪激动的时候跟他人沟通,以免语无伦次或口无遮拦。但反过来说,适当的情绪也不完全是坏事,因为如果你的声音里没有一点情绪或热忱,对方大概也不会想听你说话。

(8) 个性。

不只是人的个性不同会引起问题,我们自己的行为也会影响对方的行为,这种"个性不合"是沟通失败最常见的一种原因。我们也许无法改变他人的个性,但是至少我们可以掌握自己的个性,看看改变一下自己的行为,是否能够使彼此的关系更和谐。

上述这几个因素只是其中几个可能会使沟通效果不佳或失败的原因。在此我们讨论到这里就够了,因为我们已经从中学到,身为接收者或沟通者的我们可以主动改变各种条件,从而让双方的沟通进行得更顺利。如果我们在进行沟通之前,"三思而后行",先想想可能会遇到哪些问题,就更有可能避免这些问题。

4. 职场沟通障碍的问题

很多人在关注职场关系的处理问题,职场中的人虽然同时在一个办公室里,甚至只有一墙之隔,可是同事之间都比较忙碌,忽略了人际交往的问题,甚至根本没有时间去沟通去了解。同时对待同一个工作问题,大家交流的内容和结构以及产生的效果也不尽相同。所以,职场人沟通需要注意交往的方法。一般职场人在沟通交流时容易产生以下几个方面的问题:

(1) 缺乏倾听他人。

在现在这个社会我们只知道急于把自己推销出去,可是却忘了征询别人的意见。我们一直都只想抓住向领导表达自己的机会,却忘了在日常工作中听懂领导所说的公司理念和发展方向,因此急于在领导面前表现的几句话与这些理念差之甚远;想要与同事有深入的交流,以便更好地合作,却不知从何入手,忘了在平日里多倾听对方的声音,拉近彼此的距离。工作中需要配合帮助时才发现身边没有能伸出援手的同事,这时才意识到是自己忽视了日常沟通处理人际关系,才导致需要帮助时无人伸出援手。

(2) 缺乏发现他人。

在职场里每个人都是忙碌碌的。每天都是匆忙的脚步,各司其职,各就其位,会偶尔给人很疏离的感觉,认为职场缺乏人情味。看着那些在职场里就算没有合作关系依然有得聊,有得交流,有得机会的人,很多职场人会羡慕之心油然而生,并苦恼于自己社交状况迟迟没有进展。殊不知,很多工作契机和合作关系都是从发现开始的,不发现就缺乏交流沟通的可能性,更谈不上合作。

(3) 缺乏彼此信任。

在职场里,同事与同事间的交往都是心存不信任感。无论是在与客户相处、同事相处,还是上下级相处,都存在着很多的猜忌,也就是不安全感,猜忌其他同事抢了自己的风头而忘了自己切实能提供的优质工作服务;猜忌同事之间存在着利益冲突,而在同事关系里变得小心翼翼;猜忌上级会在繁复的内部信息中影响对自己的工作认可;或者担心与别人的意见不相同而产生口角。

(4) 缺乏有效沟通。

我们都忽略了一个常识,在职场人际交往中,我们最应具备的就是跟他人有效沟通的能力。然而,很多人都只关心沟通需要什么好方法,而忽略了沟通本质的东西——对人际关系的理解,自己的定位,表达能力,沟通切入点,对所谈事项的把握。可是大多数人就知道说三道四、道听途说,甚至加入办公室家里琐事、八卦传闻的讨论。

关于职场中容易产生的沟通障碍的问题,我们应该远离缺乏倾听他人、缺乏发现他人、缺乏彼此信任、缺乏有效沟通的习惯。这些习惯都是可能导致关系难处理,个人职场空间僵化以及职场人际关系处理不当的问题,因此多掌握一些沟通技巧,学会为人处世的道理,大有好处。

项目二　职场沟通的方法和技巧

小贾是公司销售部一名员工,为人比较随和,不喜争执,和同事的关系相处得都比较好。但是,前一段时间,不知道为什么,同一部门的小李老是处处和他过不去,有时候还故意在别人面前指桑骂槐,对跟他合作的工作任务也都有意让小贾做得多,甚至还抢了小贾的好几个老客户。

起初,小贾觉得都是同事,没什么大不了的,忍一忍就算了。但是,看到小李如此过分,小贾一赌气,告到了经理那儿。经理把小李批评了一通,从此,小贾和小李成了绝对冤家。

(资料来源:http://www.xuexila.com/koucai/zhichang/885260.html)

(1)小贾的做法对吗?为什么?
(2)如果你是小贾,你会怎么处理和小李的关系?

一、职场沟通的技巧

1. 自信的态度

一般经营事业相当成功的人士,他们不随波逐流或唯唯诺诺,有自己的想法与作风,但却很少对别人吼叫、谩骂,甚至连争辩都极为罕见。他们对自己了解相当清楚,并且肯定自己,他们的共同点是自信,日子过得很开心,有自信的人常常是最会沟通的人。

2. 体谅他人的行为

这其中包含"体谅对方"与"表达自我"两方面。所谓体谅是指设身处地为别人着想,并且体会对方的感受与需要。在经营"人"的事业过程中,当我们想对他人表示体谅与关心,需要我们自身设身处地为对方着想。只有我们对他人进行了解后的尊重,才能让他人理解我们的立场和出发点,从而做出积极而合适的回应。

3. 适当地提示对方

产生矛盾与误会的原因,如果出于对方的健忘,我们的提示正可使对方信守承诺;反之,若是对方有意食言,提示就代表我们并未忘记事情,并且希望对方信守诺言。

4. 有效地直接告诉对方

一位知名的谈判专家分享他成功的谈判经验时说道:"我在各国际性商谈场合中,时常会以'我觉得(说出自己的感受)、'我希望(说出自己的要求或期望)为开端,结果常会令人极为满意。"其实,这种行为就是直言不讳地告诉对方我们的要求与感受,若能有效地直接告诉你所想要表达的对象,将会有效帮助我们建立良好的人际网络。但要切记"三不谈":时间不恰当不谈、气氛不恰当不谈、对象不恰当不谈。

5. 擅用询问与倾听

询问与倾听的行为,是用来控制自己,让自己不要为了维护权力而侵犯他人。尤其是在对方行为退缩,默不作声或欲言又止的时候,可用询问行为引出对方真正的想法,了解对方的立场以及对方的需求、愿望、意见与感受,并且运用积极倾听的方式,来诱导对方发表意见,进而对自己产生好感。一位优秀的沟通好手,绝对善于询问以及积极倾听他人的意见与感受。一个人的成功,20%靠专业知识,40%靠人际关系,另外40%需要观察力的帮助,因此为了提升我们个人的竞争力,获得成功,就必须不断地运用有效的沟通方式和技巧,随时有效地与"人"接触沟通,只有这样,才有可能使你事业成功。

二、职场沟通的八个法宝

1. 学会控制自己的逆反情绪

人在听到和自己观点不同意见的时候,本能的反应就是抵抗。而在这种情绪的带动下,就很难清醒地分析对方的观点,听不进去对方说的任何话语。这种情绪往往表现在讨论会议中,或者听到别人的批评意见的时候。

不会与人沟通的人,往往的表现是,别人刚说完自己的观点,他就跳起来反驳,而且言辞激烈。这样的人给旁观者的感觉是,这个人不善于控制自己的情绪,固执己见,不善于听进去别人的话,自负自大;这个人可能很聪明,很能干,但是会让人有惧怕接触的心理。

处理这样的问题时,首先是自我调节一下情绪,稳定几分钟,把上来的逆反情绪平息下去;然后带着平和的心理去听别人的意见。当听到其他意见时,首先会仔细听,他的和我的有什么不同?他的想法有什么漏洞?按照他的想法会出现什么样的负面后果?他是否有预案?他说我的缺点,是不是我真的存在这个缺点?是否有误会?如果是误会我应该如何解释?一般对对方指出的缺点,首先表示感谢。可以说:"谢谢你的直率,因为我有很多缺点自己看不到,需要有人帮我纠正,这样我以后才能知道怎么改正这些缺点。"如果需要对误会加以解释,就尽快用最短的时间解释清楚。

2. 学会客观地看待别人的优点,并且客观地看待自己的缺点

每个人都有自负的心理。这个心理表现在背后说别人的"毛病",都觉得在某个方面,那个被说的人不如自己。

在职场中,最容易出现这个现象,就是在有人被提升、有人被嘉奖、有人被宣传时。这个时候,人的嫉妒心理、自卑加自负的心理,会刺激人的报复欲望,其表现就是要说这个人的"坏话",来疏解自己的不平衡心态。而当你说别人"坏话"时,你要清楚地意识到,你有嫉妒心理,说明你不如人家。你可能会觉得你哪里都比人家好,为什么不是你?很多人最容易平衡自己的话,就是:他会拍马屁。记住,当你用这句话评论别人的时候,说明你至少承认了自己的两个缺点:第一,自己不会和领导沟通;第二,有嫉妒心。如果你把这样的情绪散发给同事,那么你就危险了。因为你不知道这些话什么时候就会传到对方耳朵里,或者老板耳朵里,那么你的职业上升通道就永远关闭了。

因此,在职场中的人要学会正确地平衡自己的不良心态,也就是学会客观地看待别人的优点。比如被提升的人,那是人家在职场中生存能力的体现。如果自己也能做到,那么就去努力。如果自己做不到,也不要嫉妒。在职场上做人的原则,和天桥艺人的宣传口号有异曲同工之妙:光说不练,那是傻把式;光练不说,那是假把式;又说又练的才是真把式。

3. 学会反驳别人意见的技巧

这个技巧在职场中很常见。一般的做法就是,从来不直接反驳,都是用提问题的方式来让对方回答。当然,前提条件是认真听了对方的方案。会在听的时候,用挑剔的态度去听,也就是找对方方案的漏洞,然后把自己的问题记下来。对方结束了,再一一提问。如果对方都能有很好地答复和解决,那么自己就应该心服口服;如果对方有考虑不全面的,那么自己就应该提出自己的方案。反驳别人的方法,就是不要直接对对方说"你这样是不对的",而是要用提问的方式让他自己说出自己不对;或者找到证据告诉对方,不对在哪里。

4. 学会尊重别人,无论这个人在公司中处于什么职位

如果你要在职场中工作得愉快,那么就要和任何人相处融洽。要懂得尊重任何人。从负责卫生的阿姨、接待员,到各个部门的同事。

到办公室的时候,如果看到阿姨在打扫你的办公室,最好去帮助她,并表示感谢,结果一定是,阿姨心情舒畅地打扫你的办公室,这就是相互尊重的结果。同样,对待任何部门的同事,都要加以尊重,对他们的工作表示理解。

在工作中对你帮助的人,哪怕只是帮你一件小事,也要表示感谢。因为即使是他们分内的事情,如果你重视了他们的工作,尊重了他们的工作,他们同样也会尊重你的工作。因为人人都有被别人认为重要的需要。你要传达给他们的信息就是,他们对你非常重要,他们的工作,不但是履行他们的工作职责,更是对你个人极大的支持、帮助。为此你感激他们,尊重他们。

其实对别人的尊重不是表现给谁看的,而是对自我修养的一种修炼。当你自觉这样做的同时,其实别人也看得到。

5. 学会和领导谈话的技巧

很多人非常不习惯和领导谈话,一和领导谈话就紧张。和领导谈话,有几种情况:讨论工作、接受意见、要求利益。无论哪种情况,你要懂得换位思考,提前准备好相关内容。

比如讨论工作,他既然找你,就是要听你解决问题的方法,而不是听你抱怨工作困难。也许领导会婉转地问你一些工作情况,你千万不要以为他是真的要听你打小报告。很多人都不懂领导说话的艺术,结果抱怨工作,抱怨同事,对公司提出很多意见。看似你很真诚,可是领导不这么看。领导会认为你是一个不懂沟通,背后爱打小报告的小人,即使你说了别人的坏话,领导照样会看不起你。最好的表现就是,夸奖和你一同合作的同事,对你们的团队合作表示满意。这样领导会觉得你是一个很有团队感的人,很会尊重别人,会沟通。如果领导找你,委婉地对你提出意见,你也不要激动,不要情绪低落。要冷静地考虑,你也许真的做得过分了。你也可以坦率地征求领导的意见,问领导,您觉得我怎么做更好呢?如果领导给你提出了一个具体的意见,你就要注意,这个一定是领导最在乎的。比如他可能说,我希望你以后还是要把精力多放在业务上,说明他对你的业务表现不够满意。他如果说,希望你以后多和同事好好沟通,说明他对你人际沟通,与同事相处能力不满意,那么就一定要改;否则你即使换工作,照样会存在同样的问题。如果是要求利益,这样的谈话最需要谈话技巧。当然,要求利益的前提是你一定是为公司做了贡献,切忌说威胁公司的话。比如,不要说:如果达不到要求,就辞职;而要说,我相信公司会给我一个激励的方案,使我更愿意努力,衷心地为公司的发展做更大的贡献。我相信公司正是因为有很好的奖励机制,才能更好地留住为公司做出贡献的员工。

6. 学会真诚地赞美别人

中国人都有不爱赞美别人的习惯,总觉得赞美的话太肉麻,自己说不出口。其实原因就是,你从心里就觉得人家没有你好,这是既不能客观地看待自己,也不能客观地看待别人的表现,所以赞美之词"言不由衷"。从另一个角度来说,你经常夸奖别人,也会给人造成亲近感,对你日常工作也是有帮助的。

> **名人名言**
>
> 一个人必须知道该说什么,一个人必须知道什么时候说,一个人必须知道对谁说,一个人必须知道怎么说。
>
> ——德鲁克

7. 懂得办公室规则,不要触碰办公室"禁区"

与办公室的同事说其余同事的坏话,为大忌;与办公室的同事发展"深厚友谊",并且什么话都说,包括自己的隐私,为大忌;与办公室的同事一起议论老板,为大忌;打听同事的隐私,包括工资、奖金、婚姻状况,为大忌;在办公室公开和同事吵架,为大忌;与同事拉帮结派,为大忌;到老板面前说同事的坏话,为大忌。

 **案例故事**

朱元璋做了皇帝以后,有一天,他儿时的一个伙伴来京求见。朱元璋很想见见他的老朋友,可又怕他讲出一些以前一些不大光彩的事情,犹豫再三,还是让传了进来。那人一进大殿就大礼下拜,高呼万岁,说:"我主万岁,当年微臣随驾扫荡庐州府,打破罐州城。汤元帅在逃,拿住豆将军,红孩子当兵,多亏蔡将军。"朱元璋听完他的这番话,心里非常高兴,重重地封赏了这位老朋友。消息传出,另一个当年一块放牛的伙伴也找上门来了,见到朱元璋,激动万分,指手画脚地在金殿上说道:"万岁,你不记得吗?那时候咱俩都给人放牛,有一次,我们在芦苇荡里,把偷来的豆子放在瓦罐里煮着吃,还没煮熟,大家就抢着吃,把罐子都打破了,撒下一地的豆子,汤也泼在泥地里,你只顾从地下抓豆子吃,结果把红草根卡在喉咙里,还是我的主意,叫你用一把青菜吞下,才把那红草根带进肚子里。"当着文武百官的面,这番描述让朱元璋又气又恼,哭笑不得,只好喝令左右把他拉出去斩了。

> **启迪**
>
> 同样的事情只是因为不同的表述便会产生不同的结果,在适当的场合要说适当的话,学会说话其实就是用合适的语言说话。

 **活动体验**

活动名称:怎么才能撕对纸?

活动目的:形式,20人左右最为合适;时间,15分钟;材料,准备总人数两倍的A4纸(废纸亦可)。

活动规则:

(1)给每位学员发一张纸。

(2)老师发出单项指令:

①大家闭上眼睛;

②全过程不许问问题;

③把纸对折;

④再对折;

⑤再对折;

⑥把右上角撕下来,转180度,把左上角也撕下来;

⑦睁开眼睛,把纸打开。

大家手中的纸片状态一样吗？为什么会有不同的结果？是老师引导有问题，还是大家理解有问题？还是相互沟通有问题？

（3）再请一位学员上来，重复上述的指令，唯一不同的是这次学员们可以问问题。

活动要求：每位同学都参与活动。

大家请看这位同学手里的纸片和老师要求一样吗？是否因为这位同学理解能力强？那么这个沟通过程和前一个沟通过程有什么样的区别？

模块总结

任何沟通的形式及方法都不是绝对的，它依赖于沟通者双方彼此的了解，所以要在职场中坚持适合自己的充分有效的沟通形式。我们平时的沟通过程中，经常使用单向的沟通方式，结果听者总是见仁见智，个人按照自己的理解来执行，通常都会出现很大的差异。但使用了双向沟通方式之后，又会怎样呢，差异依然存在，虽然有改善，但增加了沟通过程的复杂性。所以什么方法是最好的？这要依据实际情况而定。沟通的最佳方式要根据不同的场合及环境而定。

拓展训练

1. 总结

请在课后寻找一个有效沟通的案例，自行准备总结，提炼有效沟通要点。

2. 案例分析

林小姐是一家广告公司的总经理。年初，广告公司与电视台签订了合同，承办了电视台半个小时的汽车栏目。为了更好地办好这个栏目，广告公司引入一个新合伙人，新的合伙人非常有能力，但优点明显的人，缺点往往也同样明显。林小姐与新合伙人在工作中产生一些摩擦，有时会因为一些小事产生争执。一天，因为林小姐修改了新合伙人的方案，两个人产生了争执。林小姐随口就说："不行就散伙吧。"合伙人听后没有再说什么，但是，从那天起，两个人的矛盾逐渐加深。

后来，合伙人对林小姐交流了自己的想法，觉得林小姐说的"散伙"二字他听起来特别刺耳。林小姐才知道，这个合伙人几年前离了婚，所以对"散伙"特别敏感。

其实林小姐也不是真的想"散伙"，而只是随口说出，她也没有想到对合伙人会有这样大的伤害。

思考：谁出现了沟通错误？如何通过沟通，解决出现的问题？

模块五　团队协作

团队协作是一种为达到既定目标所显现出来的自愿合作和协同努力的精神。它可以调动团队成员的所有资源和才智,并且会自动地驱除所有不和谐和不公正现象,同时会给予那些诚心、大公无私的奉献者适当的回报。如果团队协作是出于自觉自愿时,它必将会产生一股强大而持久的力量。

学习任务

1. 理解团队协作的重要性,培养良好的团队意识。
2. 能够正确运用团队协作的方法。
3. 会正确处理冲突危机,体会合作共赢。

项目一　团队协作的重要性和方法

三只老鼠一起去偷油喝,可是油缸非常深,油在缸底,它们只能闻到油的香味,根本就喝不到油。喝不到油的痛苦令它们十分焦急,但又不能解决问题,于是它们就静下心来集思广益,终于想到了一个办法,就是一只老鼠咬着另一只老鼠的尾巴,吊下缸底去喝油。它们取得共识:大家轮流喝油,有福同享,谁也不能有自私独享的想法。

第一只老鼠最先吊下去喝油,它想:"油就只有这么一点点,大家轮流喝一点也不过瘾,今天算我运气好,不如自己痛痛快快喝个饱。"夹在中间的第二只老鼠也在想:"下面的油没多少,万一让第一只老鼠喝光了,那我岂不要喝西北风吗? 我干吗这么辛苦地吊在中间让第一只老鼠独自享受一切呢! 我看还是把它放了,干脆自己跳下去喝个痛快!"第三只老鼠也暗自嘀咕:"油那么少,等它们两个吃饱喝足,哪里还有我的份,倒不如趁这个时候把它们放了,自己跳到罐底饱喝一顿,一解嘴馋。"

于是第二只老鼠狠心地放开了第一只老鼠的尾巴,第三只也迅速地放开了第二只的尾巴,它们争先恐后地跳到缸里头去了。虽然它们都喝到了油,可是它们掉进油缸里,谁也出不来了。

(1)小老鼠的想法有什么问题?
(2)怎样做才能每一只老鼠都喝到油?

一、团队协作的基础

团队协作不是参照管理学中的管理方法就可实现的,在采用这些方法之前,团队要做好四方面的基础工作,才能切实做到团队协作。

> **名人名言**
>
> 五人团结一只虎,十人团结一条龙,百人团结像泰山。
>
> ——邓中夏

1. 建立信任

要建设一个具有凝聚力并且高效的团队,第一步是建立信任感。这意味着一个有凝聚力、高效的团队成员必须学会自如、迅速、心平气和地承认自己的错误、弱点、失败。他们还要乐于认可别人的长处,即使这些长处超过了自己的长处。

2. 建立良性冲突

一个有协作精神的团队是允许存在良性冲突的,要学会识别虚假的和谐,引导和鼓励适当、建设性的冲突。这是一个杂乱、费时的过程,但这一过程不可避免。否则,一个团队建立真正的承诺就是不可能完成的任务。

3. 坚定不移地行动

要成为一个具有凝聚力的团队,管理者必须学会在没有完善的信息、没有统一的意见时做出决策,并付诸行动。而正因为完善的信息和绝对一致的意见非常罕见,坚定的行动力就成为一个团队成功最为关键的因素之一。

4. 无怨无悔彼此负责

卓越的团队不需要领导提醒,团队成员就竭尽全力工作,因为他们很清楚需要做什么,他们会彼此提醒注意那些有助于成功的行为和活动,而正是团队成员这种无怨无悔的付出,才造就了他们对彼此负责、勇于承担的品质。

活动名称:齐眉棍。

活动目的:体验团队同心协力的意义。

活动规则:全体队员分为两队,相向站立,将右手食指抬起至胸口,共同用手指将一根棍子放到地上,若有一人手指离开棍子即失败。

活动要求:活动人数为 5~10 人;需要器材,3 米长的轻棍;活动时间为 10 分钟左右。

> (1)指挥员在这个游戏中起的作用是什么?
> (2)团队成功的秘诀是什么?

二、团队协作的重要性

团队协作的重要性主要体现在以下三个方面:

(1)团队协作有利于提高整体效能。通过发扬团队协作精神,加强团队协作能进一步节省内耗。如果总是把时间花在怎样界定责任,应该找谁处理,让客户、员工团团转,这样就会减弱企业成员的亲和力,损伤企业的凝聚力。

(2)团队协作有助于团队目标的实现。企业目标的实现需要每一个员工的努力,具有团队协作精神的团队十分尊重成员的个性,重视成员的不同想法,激发企业员工的潜能,真正使每一个成员参与到团队工作中,风险共担、利益共享,相互配合,完成团队工作目标。

(3)团队协作是团队创新的巨大动力。人是各种资源中唯一具有能动性的资源。企业的发展必须合理配置人、财、物,而调动人的积极性和创造性是资源配置的核心,团队协作就是将人的智慧、力量、经验资源进行合理的调动,使之产生最大的规模效益。

三、团队协作的方法

(一)怎样才能做到团队协作

(1)建立和谐关系,创设良好的人际氛围;

(2)个体积极参与集体活动,增强团结协作精神;

(3)营造你追我赶、力争上游的工作氛围;

(4)充分信任同事;

(5)充分发挥企业的主导作用。

> **名人名言**
>
> 唯宽可以容人,唯厚可以载物。
>
> ——薛宣

(二)协作需要做好四件事

1. 分工

如果是一项单人就可以胜任的工作,项目经理一般会指派给专人负责。个人独立开展工作并无分工的问题。而在同伴(两人)协作中,彼此则可以通过平等的协商和沟通,从而对工作量和工作内容进行有效的分配。而一个大的项目组,由于其成员人数较多,因此在工作量与工作内容的分配问题上,难以通过彼此的平等协商和沟通而得出一个有效并令众人都满意的方案。

2. 合作

有分工,就需要合作,即彼此相互配合。在同伴协作中,由于人员构成简单,在彼此合作、协调、沟通的难度上远远低于团队协作。而在一个大的项目组中,由于其成员身份、背景的差异,彼此间的人际关系的复杂以及对彼此工作的不熟悉等原因,造成了在相互合作上存在相当大的难度。

3. 监督

监督作为一种协作手段,其存在的主要原因是由于存在着成本和收益的关系。用西方经济学的概念来解释:任何理性的人,都希望以最小的成本来达到最大的收益。反映在一个大的项目组中,即项目组中的任何成员都想花费自己最少的精力来完成既定的任务,而节约自身工作成本的方式,就是让其他组员承担原本须由自己完成的工作。因此,如果缺乏有效的监督,就会导致所有项目组成员"偷工减料",从而使该项目彻底失败。这在三个和尚的案例中体现得尤为明显。

而在个人独立工作时,一切工作成本都须由自己负担,没有让其他人分担的可能。在同伴协作中,彼此可以进行简单、有效的互相监督,因而存在消极怠工的可能性也较小。

4. 角色互补

任何一个团队里面,团队成员总是各有所长,大家资源共享、相互协作、优势互补,才能够取得成功。常言道,"尺有所短,寸有所长"。在团队中,既需要通才,也需要专才。角色的不同正好互为补充,从而达到团队的目标。

例如:唐僧团队,孙悟空最有能力所以打前锋,猪八戒脸皮厚、好色所以只能牵马,沙僧老实本分所以挑行李,他们这几个角色任意互换可不行。换猪八戒探路,就算不半路睡觉,看到的女妖怪肯定也会被认为是良民;让孙悟空去挑行李,那袈裟和通关文牒准弄丢,所以只有把团队的每个人放对位置,要让不同特点的人做自己擅长的事情,才会发挥团队或成员的最大能量。

职业素养

项目二　沟通冲突与冲突危机处理

　　生活在海边的人常常会看到这样一种有趣的现象:几只螃蟹从海里游到岸边,其中一只也许是想到岸上体验一下水族以外世界的生活滋味,只见它努力地往堤岸上爬,可无论它怎样执着、坚毅,却始终爬不到岸上去。这倒不是因为这只螃蟹不会选择路线,也不是因为它动作笨拙,而是它的同伴们不容许它爬上去。你看每当那只企图爬离水面的螃蟹就要爬上堤岸的时候,别的螃蟹就会争相拖住它的后腿,把它重新拖回到海里。人们偶尔也会看到一些爬上岸的海螃蟹,但不用说,他们一定是单独行动才上来的。

　　在南美洲的草原上,有一种动物却演绎着截然不同的故事:酷热的天气,山坡上的草丛突然起火,无数蚂蚁被熊熊大火逼得节节后退,火的包围圈越来越小,渐渐地,蚂蚁似乎无路可走。然而,就在这时出人意料的事情发生了,蚂蚁们迅速聚拢起来,紧紧地抱成一团,很快就滚成一个黑乎乎的大蚁球,蚁球滚动着冲向火海。尽管蚁球很快就被烧成了火球,在噼噼啪啪的响声中,一些居于火球外围的蚂蚁被烧死了,但更多的蚂蚁却绝处逢生。

　　(资料来源:http://news.cnal.com/2013/06-27/1372329623336153.shtml)

　　这两则关于动物之间团队合作的故事相映成趣,说明这样一个道理:掣肘,易事难为;携手,难事可成。螃蟹的"拖后腿",多么像人类中某些人的做法,由嫉妒心、"红眼病"和一己之私作祟,他们惧怕竞争,甚至憎恨竞争。一旦看到别人比自己强,就拆台阶、下绊子,千方百计竭尽倾轧之能事。其宗旨不外乎一条:我不行,你也别行;我得不到,你也别想得到。于是,有多少发明创造的才智,就这样在无声中被内耗掉;有多少贤能,就这样被埋没在默默无闻之境;有多少"千里马",就这样病死于槽枥之间。

　　蚂蚁的"抱成团"却与此大相径庭,这一抱,是命运的抗争、力量的凝聚,是以团结协作的手段,为共渡难关,获取新生所做出的必要努力。无此一抱,蚂蚁们必将全部葬身于火海,精诚团结使它们的群体得以延续。

　　上述螃蟹的"拖后腿",足以令某些人顾镜自照而汗颜,蚂蚁的"抱成团"则抱出了值得人类学习、效法的伟大和美丽。人们如果能常将螃蟹的"拖后腿"与蚂蚁的"抱成团"所造成的后果对照起来好好想一想,想过以后该怎样见贤思齐、择善而从,就不言自明了。

　　周围有哪些类似螃蟹"拖后腿"、蚂蚁"抱团求生"的现象?对你有何启发?

 知识要点

一、沟通冲突

美国著名的人际关系学大师卡耐基曾说,如果你是对的,就要试着用温和的语气让对方同意你;如果你错了,就要迅速而热诚地承认。这要比为自己争辩有效和有趣得多。沟通中出现障碍时,如果不能及时疏导对方并尽快达成理解一致,就容易演变成沟通冲突。

1. 沟通冲突的含义

冲突就是矛盾,是敌对、对立或想法的抵触,是企业内部个人和个人之间、个人和团体之间、团体和团体之间由于对同一事物持有的态度不同、认识不同及处理方法不同,而产生的矛盾。当这种矛盾激化时就发展成为冲突。沟通中,如果冲突的表现过于明显,就会导致不良的沟通后果。

可见,沟通冲突的双方一般都有各自的理由,主要是人们受认识、信息、目标、角色差异及利益权限方面的影响,使信息在传递过程中出现歪曲,激起了潜在的不良情绪所致,进而引发沟通双方或一方的冲突行为。

2. 冲突的两面性

人们通常认为,大凡冲突都是负面的、消极的。其实不然,冲突分为"有利冲突"和"不利冲突",这就是沟通的两面性。如果能促使事情向好的方面发展,就视其为有利冲突,因为没有这样的火花碰撞,就没有新的事物出炉。反之,不利于团结、使事情恶化的,则为不利冲突,是负面的,要积极采取有效措避免或加以修正。只要处理得当,"冲突"也可以变成一种有效的沟通方式。

二、沟通冲突产生的原因和危害

由于人们在个性、想法、目的及心灵成熟度等方面存在差异,沟通中的冲突在所难免,有时,甚至还能揭示出一些更深层次的原因,如人的修养或职业道德水平。

1. 沟通冲突的原因

(1)任务相互依赖。由于各部门之间存在着任务依赖性,而组织结构的先天缺陷却削弱了各部门之间必要的沟通量,从而导致任务的不协调。

(2)目标不相容。各部门都存在着自己的绩效目标,例如销售部希望增加产品线的广度以适应多样化的市场需求,生产部则希望减少产品线的广度以节省成本,即销售部门的目标是顾客满意,生产部门的目标是生产效率。

(3)归因失误。当个体的利益受到他人的侵害,就会弄清对方为什么如此行动。如果确认对方是故意的,就会产生冲突和敌意;如果对方不是故意的,冲突发生的概率就

会很少。没有良性竞争就没有进步,如果错误地把良性的竞争归因为恶性的竞争,就会出现各种误会和冲突。归因行为在很大程度上依赖于人格特质与行为动机,而且,归因失误还会导致信任程度减弱。

2. 沟通冲突的危害

有效沟通中,双方的情绪、认知分歧会影响沟通的效果。职场上,沟通冲突有时直接影响到双方的诚信与合作,影响一个人是否能获得更多的机会。

(1)沟通冲突伤害个人情感。对个人而言,沟通冲突不但伤身、伤情,更伤人心,有时甚至使双方绝交。工作中,有的人因为某些观点与同事、上司发生争执,固执己见、互不相让引发冲突,挫伤了工作积极性。

(2)沟通冲突影响企业发展。对企业而言,冲突容易影响员工的情绪,挫伤员工的积极性,破坏团队的和谐与稳定。沟通冲突严重时还可能导致企业双方的合作破裂,引发严重的后果,使双方经济效益、社会效益方面产生重大损失。

马克·吐温曾说:"恰当地用字极具威力,每当用对了字眼……我们的精神和肉体都会有很大的转变,就在电光石火之间。"可见,沟通中选择恰当的措辞是极有成效的。同样,恰当的方法,也能在沟通中将"冲突"化为"玉帛"。

案例故事

一位业绩一直第一的员工,认为一项具体的工作流程应该进行改进,她和主管包括部门经理提出过,但没有受到重视,领导反而认为她多管闲事。第二天,她私自违犯工作流程进行改变。主管发现了就带着情绪批评她。她不但不改,反而认为主管有私心,于是就和主管吵了起来,并退出了工作岗位。主管反映到部门经理,经理也带着情绪严肃批评了她。有人认为应该开除她的,也有人认为应该扣她三个月的奖金。然而这位员工拒不接受任何惩罚,于是冲突升级,部门经理就把问题报告到总经理。

良好的沟通可以减少矛盾冲突,不良的沟通会让矛盾升级。忍耐和宽容都是给彼此一个机会。

三、冲突危机的处理——把控情绪

情绪既复杂又简单,只要我们从根源解决问题就可以很好地控制情绪。

1. 善待他人

忍一时风平浪静,退一步海阔天空。这个世界上没有永远的敌人,你的敌人说不一定就是你将来的贵人,所以不要把对方逼的太死,给对方留一条退路,也是为自己留退路。

2. 学会宽容

有句话说生气就是拿别人的错误惩罚自己,自己何必为难自己,跟自己过不去呢?学会宽容他人,就是宽带自己。不要为小事斤斤计较,成为一个宽容大度的人,这是生活的哲理,也是正确的生活方式。

3. 情绪转移

从心理学上说,人不能长期处于某一种情绪中,对身体健康并不好。人有七情六欲,喜怒哀乐,这是正常的。我们不能只有一种情绪,学会情绪转移,从怒到喜,从哀到乐,这是必要的转移,经过情绪的转移,我们才能体验正常的生活。

4. 情绪表达

找到一种适合自己的表达方式。对于一些人来说,自我表达就是发泄,也就是情绪的释放,所以当我们有了情绪之后,要及时表达出来,方法很多,可以大哭,哭是情绪最好的发泄方式;可以听轻音乐放松自己,平静心灵;还可以寻求帮助。

5. 寻找有意义的事情

当我们觉得生活没有意义时,积极去寻找有意义的事情做。记得有人说过,衡量我们自己的是我们把痛苦或困难转化为我们生活中快乐或有意义的事情。

 案例故事

某中档小区,开发商为保持楼盘外观的美观,曾与物业公司签约规定,任何人不得封闭阳台。但开发商与业主的销售合同书上并未明确此条款,因此当业主想封闭阳台遭拒绝时,迁怒于物业,许多业主联合起来拒交物业服务费。物业公司并没有采取与业主对立的做法,而是从业主角度去考虑,尽可能地去了解业主行为的动机。通过多次到实地调查研究,发现由于该城市的风沙较大,不封闭阳台,的确会给业主的生活和安全造成不便和隐患。但开发商认为允许封闭阳台,会影响外墙的美观。物业公司经过再三斟酌,认为应该从实际出发,以人为本,要把给业主留下安居环境作为首要因素来考虑。通过与开发商的反复协商,最终达成共识,阳台可以封,但要统一规格、材料,既满足业主的要求,又不影响外墙的美观。而业主也认识到物业公司当初禁止封闭阳台,是与开发商的约定,也是从维护小区整体外观的角度去考虑的,也是为了广大业主的利益。经过换位思考后,双方消除误会,握手言欢。

案例中物管人员良好的沟通能力化解了矛盾冲突。物管人员运用了换位思考,站在业主的角度去思考问题,体会业主的心情,并且引导业主进行换位思考,去体谅物管人员的难处,从而解决纠纷。

四、合作共赢

(一)团队合作才能双赢

团队合作的精髓,就在于"合作"二字,团队合作受到团队目标和团队所属环境的影响,只有在团队成员都具有跟目标相关的知识技能及与别人合作的意愿的基础上,团队合作才有可能成功。团队合作的重要性表现在以下三个方面。

(1)个体存难,团队易成。在这个充满竞争的年代,个体的生存似乎变得越来越艰难。我们要成为符合团队需要的人才,而不是让团队符合自己的需要。需要跟人合作,才能取得胜利的果实;团结的力量无坚不摧,无形之中会大大提高自己的工作业绩。

(2)企业征聘的重要指标。企业要求个体在具备必要的自身能力之外,还必须具备与他人合作的能力。要知道,团队合作精神才是现代企业成功的保障。

(3)团队意识决定成果。作为整个工作流程中的单一个体,只有把自己完全融入团队之中,凭借团队的力量,才能完成自己所不能单独完成的任务。当员工自负,且不屑于与别人合作时,不仅影响个人,也将影响企业,没有一个老板愿意用这样的员工。

案例故事

有一家大公司,老板为了检验自己的员工之间是否具备团结协作、互助互帮的意识,便把员工分为两批,对他们进行了一个测试。老板在每批人的面前都放了一大堆可口美味的食物,但是,却给每个员工发了一双一米长的筷子,要求员工必须用发的筷子夹食物,并且在规定的时间内把桌上的食物全部吃完,没有吃到食物或者食物掉到地上的人有可能会被辞退。

> **名人名言**
>
> 一堆沙子是松散的,可是它和水泥、石子、水混合后,确比花岗岩还坚韧。
>
> ——王杰

比赛开始了,第一批人各自为政,只顾拼命地用筷子夹取食物往自己的嘴里送,但因筷子太长,总是无法够到自己的嘴,而且因为你争我抢,造成了食物的极大浪费。老板看到后,摇了摇头,为此感到失望。

轮到第二批人开始测试了。这些员工一上来并没有急着用筷子往自己的嘴里送食物,而是大家一起围坐成了一个圆圈,先用自己的筷子夹取食物送到坐在自己对面人的嘴里,然后,由坐在自己对面的人用筷子夹取食物送到自己的嘴里,就这样,每个人都在规定时间内吃到了整桌的食物,并丝毫没有造成浪费。第二批人不仅仅享受了美味,从此,还获得了更多彼此的信任和好感。老板看了,点了点头,为此感到欣慰。

测试结束后,老板对第一批的评价为五个字:利己不利人;而对第二批人的评价是另外五个字:利人又利己!

模块五 团队协作

 启迪

这则故事告诉我们在一个团队里,如果成员没有团队意识,各行其是,那么,团队的目标将永远无法实现。创建和谐企业,必须增强团队意识。只有大家密切配合,团结协作,才能使企业焕发出生机和活力。

 **活动体验**

活动名称:驿站传书。

活动目的:通过小组成员共同完成任务,体验团队协作。

活动规则:全体小组成员排成一列,每个人这时候就相当于一个驿站,游戏助理会把一个带有7位数以内的数字信息卡片交到最后一位伙伴的手中,小组成员要利用你们的聪明才智把这个数字信息传到最前面的伙伴手中,当其收到信息以后迅速举手,并把信息写在纸片上交给助理。

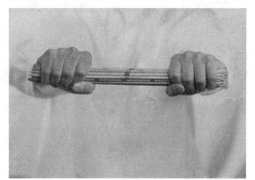

活动要求:

项目开始后,应该

(1)不能讲话;

(2)不能回头;

(3)后面的小组成员任何部位不能超过前面成员身体的肩缝横截面以及无限延伸面;

(4)当信息传到最前面小组成员手中时,这位小组成员要迅速举手示意,并把信息交到游戏助理手中,计时者会以举手那一刻为截止时间;

(5)不能传递纸条和扔纸条。

 想一想

在这个游戏中你扮演了什么角色?起了什么作用?体验到了什么?

(二)团队协作的三大误区

1."冲突"会毁了整个团队

团队的管理者往往会对冲突讳莫如深,他们会采取种种措施来避免团队中的冲突,而无论这种冲突是良性还是恶性的。

要成为一个高效、统一的团队,领导就必须学会在缺乏足够的信息和统一意见的

73

情况下及时做出决定,果断的决策机制往往是以牺牲民主和不同意见为代价而获得的。对于团队领导而言,最难做到的莫过于避免被团队内部虚伪的和谐气氛所误导,应采取种种措施,努力引导和鼓励适当、有建设性的良性冲突。将被掩盖的问题和不同意见摆到桌面上,通过讨论和合理决策将其加以解决,否则,隐患迟早有一天会爆发。

2. 1+1一定大于2

在工作团队的组建过程中,管理层往往竭力在每一个工作岗位上都安排最优秀的员工,期望能够通过团队的整合,使其实现个人能力简单叠加所无法达到的成就。然而,在实际操作过程中,众多的精英分子共处一个团队之中反而会产生太多的冲突和内耗,最终的效果还不如个人的单打独斗。

在通常情况下,团队工作的绩效往往多于个人的绩效,但也不是那么绝对,这取决于团队工作的性质:如果团队的任务是要搬运一件重物,单凭其中一个成员的力量绝对搬不动,必须要两个以上的成员才能搬动,这时团队的绩效要大于个人绩效,1+1的结果会大于或等于2;如果换成是体操比赛中的团体项目,最后的成绩往往会因为某位成员的失误而名落孙山,这时,团队的绩效还不如其中优秀成员的个人绩效,1+1的结果反而会小于2。

3. "个性"是团队的天敌吗?

对于多数管理专家而言,《西游记》中的唐僧师徒组合不能算是一个合格的团队。其团队成员要么个性鲜明,优点或缺点过于突出,实在难以管理;要么缺乏主见,默默无闻,实在过于平庸。但就是这么一群对团队精神一窍不通的、"个性"突出的典型人物组合在一起,克服了常人难以想象的种种困难,最终完成任务,取回了真经!其实,换个角度来看,"个性"也许并不是那么可怕。

作为团队领导人和协调者的唐僧,虽然处事缺乏果断和精明,但对于团队目标抱有坚定信念,以博爱和仁慈之心在取经途中不断地教诲和感化着众位徒弟。

队中明星员工孙悟空是一个不稳定因素,虽然能力高超,交际广阔,嫉恶如仇,但桀骜不驯,喜欢单打独斗。最重要的一点是他对团队成员有着难以割舍的深厚感情,同时有一颗不屈不挠的心,为达到取经的目标愿意付出任何代价。

也许很少有人会意识到,猪八戒对团队内部起着承上启下的重要作用,他的个性随和健谈,是唐僧和孙悟空这对固执师徒之间最好的"润滑剂"和沟通桥梁,虽然好吃懒做的性格使他经常成为挨骂的对象,但他从不会因此心怀怨恨。

至于沙僧,每个团队都不能缺少这类员工,脏活累活全包,并且任劳任怨,还从不争功,是领导的忠实追随者,起着保持团队稳定的基石作用。

每个团队成员都会有个性,这是无法也无须改变的,而团队的艺术就在于如何发掘成员的优点,根据其个性和特长合理安排工作岗位,进而扬长避短。

 **活动体验**

活动名称:解手链。

活动目的:锻炼团队的沟通、协调及执行力。

活动规则:所有的队员手牵手结成了一张网。队员们这时是紧紧相连的,但是这个时候的紧紧相连却限制了大家的行动。我们这时需要的是一个圆,一个联系着大家,能让大家朝着一个统一方向滚动前进的圆。在不松开手的情况下,如何让网成为一个圆?这是团队的严峻挑战。

活动要求:活动人数每组8~10人;活动时间为15分钟左右。

团队成员之间有效的沟通重要吗?为什么?

模块总结

同学们要清楚地认识到,在一个组织或部门之中,团队合作精神显得尤为重要。在一个组织之中,很多时候,合作的成员无法选择,所以,很可能出现组内成员各方面能力参差不齐的情况。如果作为一个领导者,此时就需要很好地凝聚力量,把大多数组员各方面的特性凝聚起来。同时也要求领导者具备良好的与不同的人相处与沟通的能力。要加强与他人的合作,首先就必须保证集体成员是忠诚的、有责任心的、有意志力的,而且,还要有团队的荣誉感、使命感。

领导者必须信任团队的所有成员,彼此之间要开诚布公,互相交心,与团队的每一个成员紧密合作,直到整个团体都能紧密合作为止。分析每一个成员完成工作的动机,研究他们的迫切需要,针对他们的动机和需要,集思广益,多听听别人的建议,不要一意孤行。所以,学会与他人合作,在具体工作中发挥团队精神,可以使我们收到事半功倍的效果,可以使我们的工作更加顺畅。

拓展训练

以小组为单位,分组完成以下任务:五一节要来了,模拟某公司所要组织的一次新款手机促销,请各小组设计出自己的促销方案,并做好人员角色分工。

模块六　情绪管理

在我们每个人的身上,都存在着一种神奇的力量,它可以使你精神焕发,也可以使你萎靡不振;它可以使你冷静理智,也可以使你暴躁易怒;它可以使你安详从容的生活,也可以使你惶惶不可终日。

总之,它可以加强你,也可以削弱你,可以使你的生活充满甜蜜与快乐,也可以使你的生活抑郁、沉闷、暗淡无光。这种能使我们的感受产生变化的神奇力量,就是情绪。

> **学习任务**
>
> 1. 解情绪的含义、类型、产生的因素及影响作用。
> 2. 解情绪 ABC 理论和管理情绪的 ABCDE 模式,掌握情绪的调节技巧。
> 3. 会在生活中面对不同的情绪事件,能主动、多角度看待问题,以改变情绪体验。

项目一　了解情绪

有个小姑娘,总觉得自己不讨人喜欢,非常自卑。一天,她在商店里看到一支漂亮的发卡,当她戴起它时,店里的顾客都说漂亮,于是她非常高兴地买下发卡,并戴着去学校。接着奇妙的事发生了,许多平日不太跟她打招呼的同学,纷纷来跟她接近,还约她一起去玩,原本死板的她,一下变得开朗、活泼了许多。但放学回家后,她才发现自己头上根本没有带什么发卡,原来她付钱后把发卡留在了商店里。

> **想一想**
>
> (1)那个发卡真有那么神奇的力量吗?
> (2)是什么使别人改变了对她的态度?

 知识要点

一、情绪和情商

1. 情绪的含义

有关情绪的论述最早见于两千多年前的古希腊哲学家亚里士多德的著作,他提出情绪是认识功能以外的各种状态,他用"激情"一词来形容这些状态,如爱、恨、怒、惧……在19世纪末20世纪初,心理学家经研究分析,认为情绪就是人对身体变化的知觉,其产生过程为:情景刺激—身体生理反应—情绪。

而中国古代对情绪则是从医学层面去解释的,古书上记录了"喜极伤心""怒极伤肝""忧极伤肺""恐极伤肾"的说法,认为情绪与疾病有着密不可分的联系。

时至今日,不同心理学流派的学者对情绪有诸多注解。通俗来说,情绪是人的一种心理活动状态,是人对客观外界事物的态度反映。它产生于人的内心需要是否得到满足。在某种程度上,情绪也反映出人对外界事物的态度。高兴时眉开眼笑,生气时面红耳赤,害怕时全身发抖……从这个意义上讲,情绪是人的内心世界的"窗口",是人的心理活动的重要外在表现。

 活动体验

活动名称:情绪速递。

活动目的:让学生体验不同类型的情绪。

活动规则:

(1)参与成员排成一列向前望,不可以回头。

(2)最后一位成员随机抽取一张情绪纸条查看,准备好后提醒前一排成员回头观看其表情,不可以有语言提示。

(3)依次类推,表情传到最前面一位成员时,由该成员直接猜出情绪名称,猜对者过关。

活动要求:4~6名成员参与;若干张写有情绪的纸条。

(1)请大家归纳出情绪的几种类型。

(2)在游戏过程中,每个人都只收获了"快乐"一种情绪吗?

2. 情绪的类型

人的情绪复杂多样,很难有准确的分类。中国古代就有"五情""七情""九情"多种情绪分类法。我国最早的情绪分类思想源于《礼记》,其中记载人的情绪有"七情"分法,

即喜、怒、哀、乐、爱、恶、欲;亚里士多德则把情绪分为欲望、愤怒、恐怖、欢乐和怜悯五种;美国心理学家普拉切克(Plutchik)提出了八种基本情绪:悲痛、恐惧、惊奇、接受、狂喜、狂怒、警惕、憎恨;还有的心理学家提出了九种情绪类别。

现代心理学从不同角度对情绪分类进行了许多有益的尝试,把情绪分为与生俱来的基本情绪和后天习得的复合情绪两大类。

基本情绪是人和动物共有的、不学而会的本能,又称原始情绪,主要包括快乐、愤怒、悲哀、恐惧四种。

(1)快乐是盼望的目的达到后,随之而来的紧张解除时产生的一种轻松、满意的情绪体验。

(2)愤怒是指由于外界事物或对象再三妨碍和干扰,使个人的愿望受到压抑,目的受到阻碍时所产生的情绪体验。

(3)悲哀是在所热爱的事物的丧失和所盼望的东西幻灭时产生的情绪体验。

(4)恐惧是个体企图摆脱、逃避某种情景,又苦于无能为力时的情绪体验。

复合情绪是由基本情绪的不同组合派生出来,需要经过人与人之间的交流才能学习到的,例如,惊喜、悲愤交加、百感交集、哭笑不得、喜极而泣。因此,人类所具有的情绪是多种多样、纷繁复杂的。每个人所拥有的复杂情绪数量和对情绪的感受都不一样,而我们常说的"情商"就是指情绪商数。

3. 情商

情商(Emotional Quotient)通常是指情绪商数,简称EQ,主要是指人在情绪、意志、耐受挫折方面的品质,包括了抑制冲动、延迟满足的自制力,以及如何调试自己的情绪,如何设身处地地为别人着想、感受别人的能力,以及建立良好的人际关系、培养积极主动心态的能力……简单来说,情商就是个人对自我情绪的把握和控制力,对他人情绪的揣摩和驾驭力,以及对人生的乐观程度和面临挫折时的承受能力。

美国心理学家认为,情商包括以下几个方面的内容:一是认识自身的情绪。因为只有认识自己,才能成为自己生活的主宰。二是能妥善管理自己的情绪,即能调控自己。

三是自我激励,它能够使人走出生命中的低潮,重新出发。四是认知他人的情绪。这是与他人正常交往,实现顺利沟通的基础。五是人际关系的管理,即领导和管理的能力。

事实上,人与人之间的情商并无明显的先天差别,更多与后天的培养息息相关。因为一个人的智商是可以量度的,具有有限性,但一个人的情商却像"一只看不见的手"在发挥作用,没有一个绝对可以衡量的尺度,而且情商的发挥具有无限性,也就是说,人与人之间的情商差异很悬殊,不像智商的差异那样微弱;另一方面,就一个人的情商发挥水平而言,不同情形下也会表现出很大的差别。

 知识链接

情商的水平不像智力水平那样可用测验分数较准确地表示出来,它只能根据个人的综合表现进行判断。

心理学家们认为,情商水平高的人大多具有如下特点:
1. 社交能力强,外向而愉快,不易陷入恐惧或伤感;
2. 对事业较投入;
3. 为人正直,富于同情心;
4. 情感生活较丰富但不逾矩,无论是独处,还是与许多人在一起时都能怡然自得。

 活动体验

活动名称:情商测测测。

活动目的:通过测试,让学生对自己的情商状况有所了解。

活动步骤:

(1)教师告知学生注意事项:测试中应跟随自身的直觉进行判断,无须展示你的优点或掩饰你的缺点,否则应重测一次。

(2)教师告知学生试题情况:这是一组欧洲流行的测试题,世界500强企业很多曾以此作为员工情商测试的模板,以帮助员工了解自己的情商状况。该测试共33题,测试时间为25分钟。

(3)学生准备就绪后,老师开始计时。

(4)测试完毕后,由教师公布计分标准及评估参考意见。

活动要求:填写国际标准情商测试题(见附录二)。

你对测试的结果满意吗?你觉得可以通过哪些方法(或途径)提高自己的情商水平?

二、情绪产生的原因

情绪产生的原因是多方面的,我们可以从主观和客观两方面进行分析。

首先,人的需要是否得到满足,是情绪产生的主观原因。当人的需要得到一定的满足时,就会产生积极的情绪,如喜悦、兴奋;而当人的需要得不到满足或事与愿违时,往往会产生消极的情绪,如忧愁、愤怒。因此,《红楼梦》中的林黛玉尽管花容月貌,但从小就体质单薄,经常发病,又寄人篱下,和贾宝玉相好却无人出面替她做主,于是多愁善感,最终饮恨而死。

其次,不同的情境下会产生不同的情绪,是情绪产生的客观原因。生活中,我们每个人都可能遇到不同的事情,处在不同的情境当中,自然就会产生各种各样的情绪,而我们所处的情境又是不断变化的,所以情绪也会随之发生一定的改变。比如,某人走在大街上,被别人不小心撞了一下,这时的心情肯定不太愉快,会埋怨两句,甚至破口大骂。但如果他发现对方是个盲人,并且在那儿一个劲儿地赔礼道歉,心态马上就平和多了,不仅不再生气,可能还会真诚地宽慰对方。

三、情绪带来的影响

情绪本没有好坏对错之分,每个人都会经历高兴、悲伤、烦恼、压抑、失落的人生百味,而各式各样的情绪体验又会给我们带来不同的影响。

(一)情绪对身心的影响

俗话说,"人逢喜事精神爽""笑一笑,十年少,愁一愁,白了头。"现代医学研究发现,人的身心健康与情绪因素有着密切的联系。积极情绪有利于我们的身心健康,而消极情绪则会严重影响我们的身心健康。

1. 积极情绪的功能

积极的情绪能使人思维敏捷,体力充沛,精力旺盛,有利于个人正确地认识事物、分析和解决问题,从而发挥自己的正常水平,甚至还可能超常发挥。《礼记》上说"心宽体胖",意思是当人心情愉悦时,会愈来愈胖,愈来愈健康。

案例故事

英国著名化学家法拉第年轻时,因工作过分紧张,精神失调,经常头痛失眠,虽经长期药物治疗,仍无起色。后来,一位名医对他进行了仔细检查,但却不开药方,临走时只是笑呵呵地说了一句英国俗语:"一个小丑进城,胜过一打医生。"便扬长而去。法拉第对这话细加品味,终于悟出其中奥秘,从此以后,法拉第常常抽空去看滑稽戏、马戏和喜剧,经常高兴得发笑。这样愉快的心境,使他的健康状况大为好转,头痛和失眠都不药而愈。

> 启迪
>
> 长期保持积极情绪能增强机体免疫力,有助于身心健康,进而提升个人的学习效果和工作成绩。

知识链接

> 在印度孟买的大小公园里,可以看见许多男女老少站成一圈,一遍又一遍地哈哈大笑,这是在进行"欢笑晨练"。印度的马丹·卡塔里亚医生在国内外开设了150家"欢笑诊所",人们可以在诊所里学到各种各样的笑:"哈哈"开怀大笑,"吃吃"抿嘴偷笑,抱着胳膊会心微笑……来治疗心情压抑等心理疾病。
>
> 既然一笑解千愁,请大家赶紧咧开嘴,笑起来吧!

活动体验

活动名称:欢乐二人转。

活动目的:体验欢乐,唤起积极情绪。

活动规则:

(1)学生每两人一组,相对而坐。

(2)学生甲随机做出各种表情,学生乙要尽量完整的同步模仿出来,时间1分钟。

(3)双方互换角色。

活动要求:全体学生参与。

> 想一想
>
> (1)你是一个容易收获快乐的人吗?
> (2)积极的情绪给你的身心健康带来了什么影响?

2. 消极情绪的影响

消极的情绪会使人的认识、分析和解决问题的能力下降。而且长期处于消极情绪中，人的生理状况会发生改变，从而引起疾病的发生，对人的身心健康产生不良的影响。

有分析表明，人们生气十分钟会耗费大量的精力，其程度不亚于参加了一场3000米的赛跑，而且生气时产生的生理反应也非常剧烈，分泌物比其他任何情绪状态下的分泌物都复杂，更具毒性。此类消极情绪长期存在，人的生理变化便不能及时复原，情绪所产生的压力就会损害健康。因次，动辄生气的人很难长寿，更易患上严重疾病。

案例故事

历史上有个著名的医生叫阿维林纳，他对动物的生存环境做过一个试验。他把两只小羊同样喂养，其中一只放在离狼笼子很近的地方，由于经常恐惧，这只小羊逐渐消瘦，身体衰弱，不久便死了；而另一只因为放在比较安静的地方，没有狼的恐吓，它健康地生存下来了。

一位心理学教授把一个死囚关在一个屋子里，蒙上死囚的眼睛，对死囚说：我们准备换一种方式让你死，我们将把你的血管割开，让你的血滴尽而死。然后教授打开一个水龙头，让死囚听到滴水声，教授说，这就是你的血在滴。第二天早上打开房门，死囚死了，脸色惨白，症状与失血过多而亡完全一样。其实他的血一滴也没有滴出来，他被吓死了。

积极情绪，治病，而消极情绪，致命！

（二）情绪对个人职场的影响

以前人们一直认为一个人的成功主要取决于他的智商（IQ）。如今，心理学家普遍认为，情商水平的高低对一个人能否取得成功也有重大的影响作用，有时情商的作用甚至超过智商。有人曾对几百名成功者的经历做过统计，总结出了一个成功的公式，成功 = 80%的情商 + 20%的智商。因此，情商对于职场人而言，不可或缺，至关重要。

20世纪上半叶，美国哈佛大学的心理病理学教授梅奥经过反复试验，最终得出一个在当时学术界看来是离经叛道的结论：生产效率的决定因素不是作业条件，而是职工的情绪。职工的心理因素和社会因素决定着生产积极性。

在工作中，如果某个人太情绪化，很容易让领导和同事认为其是一个不专业、不稳重、没有团队合作精神的人。一旦被贴上这样的标签，个人的职场之路会变得异常崎岖。

积极向上的情绪是一种强大的正能量，不仅有助于自身工作效能的发挥，还会感染职场身边的每一个人。而消极的情绪也是一种巨大的能量，只不过它是一种破坏力超强的负能量。

 案例故事

张飞是刘备手下的一员猛将,力敌千军,战功显赫。刘备先后封给他宜都太守、征虏将军、车骑将军、司隶校尉要职。但张飞性情暴虐,对士兵动辄打骂,滥施鞭笞、刑杀,其下官兵对他怀恨在心。刘备常戒之:"此取祸之道也。"但张飞听不进刘备的告诫,依然我行我素,暴性不改,终于酿成杀身之祸。一次,刘备派张飞率兵万余攻打孙权,出征中,张飞的部下张达和范强把他杀了,持其人头投奔孙权邀功领赏。张飞一生辗转沙场,出生入死,没有死在敌人的手中,而是死在自己士兵的刀下,真是可悲。

 启迪

> 控制不住自己情绪的人,哪怕拥有再强大的能力也无济于事。

因此,一个成熟的职场人,应该有较强的情绪控制能力,要将情绪作为重要的精神资源管理起来,尽量让其发挥重要的积极作用。

项目二 管理情绪

 情景导入

一个老太太有两个女儿,大女儿嫁给一个开伞店的,而二女儿嫁给了一个开洗衣店的。这样,老太太晴天怕大女儿家雨伞卖不出去,雨天又担心二女儿家衣服晒不干,整天忧心忡忡。

后来,有人对老太太说:"老太太,您真有福气,晴天二女儿家顾客盈门,雨天大女儿家生意兴隆。"老太太这么一想:哎,还真是!从此,她整天无忧无虑。

> 想一想
>
> (1)分析问题时因立场不同给老太太带来了不同的结果,这给了我们哪些启示?
> (2)在生活中,你是否也遇到过类似的事情,你是怎么处理的?

 知识要点

一、情绪管理的 ABC 理论

情绪 ABC 理论是由美国心理学家埃利斯创建的一个很著名的情绪管理理论。该理

论认为激发事件 A(activating event)只是引发情绪和行为后果 C(consequence)的间接原因,而引起行为后果 C 的直接原因则是个体对激发事件 A 的认知和评价而产生的信念 B(belief),即人的消极情绪和行为结果(C),不是由于某一激发事件(A)直接引发的,而是由于经受这一事件的个体对它不正确的认知和评价所产生的错误信念(B)所直接引起的。错误信念也称为非理性信念。

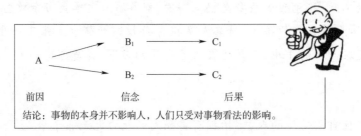

(图片来源:http://www.zwbk.org/zh-tw/Lemma_Show/232556.aspx)

英国和美国的两家皮鞋工厂,为了扩大市场,各自派了一名推销员到太平洋上的某个岛屿去开辟市场。

美国的推销员一抵达,发现当地的人都没有穿鞋子,一打听才知道这里的人没有穿鞋子的习惯。于是,他回到旅馆,马上向老板汇报:这个岛上没有一个穿鞋子的人,此地没有市场,我明天乘第一班飞机回来。

英国的推销员来到小岛上,也发现当地的人们赤足行走,没有一个人穿鞋子,他兴奋万分,向老板汇报这一惊人的消息:好极了!这个岛上没有一个人穿鞋子,市场潜力巨大,快寄一百万双鞋子到这里来!

 换一种看待问题的思路,立马跳出困境,海阔天空。

有人说:生活就是一面镜子,你对它笑,它就对你笑,你对它哭,它就对你哭。所以同样一件事,对不同的人,会引起不同的情绪体验,而不同的情绪体验又引出截然不同的后果。同样遭遇了竞选班委失败,一个人无所谓,而另一个人却伤心欲绝。为什么?就是诱发事件 A 与情绪、行为结果 C 之间还有个对诱发事件 A 的看法、信念(或解释)B 在起作用,而 B 恰恰是情绪反应的关键环节。一个人可能认为这次失利没关系,以后还有机会,下次再接再厉。而另一个人可能觉得太丢脸了,同学们会笑话他。于是不同的 B 带来的行为结果 C 大相径庭。

我们无法改变问题本身,但可以改变看待问题的方式。"横看成岭侧成峰,远近高低各不同。"换个角度看世界,你将会发现不一样的风景。

二、合理运用 ABCDE 模式

基于情绪 ABC 理论,埃利斯又在其合理情绪疗法理论中提出了有效管理情绪的 ABCDE 模式:

A(activating events):一个事件发生了;

B(Beliefs):某人对该事件的非理性信念;

C(Consequences):由非理性看法导致的不良情绪和行为后果;

D(Disputing):反省,用理性看法驳斥 B;

E(Effect):驳斥成功,管理情绪有效。

人们面对外界发生的负面事件时,为什么会产生消极、不愉快的情绪体验?人们常常认为罪魁祸首是外界的负面事件 A。但是埃利斯认为,事件(A)本身并非是引起情绪反应或行为后果(C)的原因,而人们对事件的非理性信念(B)(想法、看法或解释)才是真正原因所在。因此要改善人们的不良情绪及行为,就要以理性的观念反省(D)非理性观念,直到反省产生了效果(E),人们就会产生积极的情绪及行为。例如,一位学生得知某次考试成绩只得了 58 分(A),就会归咎于自己愚笨(B),进而懊恼失望(C),在得知全班仅三人及格后,他会分析说明:原来试题本来就很难,58 分也是好成绩(D),最终又对学习充满信心(E)。

 活动体验

活动名称:情绪天使。

活动目的:尝试运用 ABCDE 模式管理情绪。

活动规则:

(1)老师进行情景展现:临到实习季了,中职二年级学生小明提前准备好了简历,积极参加各类招聘面试,结果却接连受挫。看着同学们都陆续找到了实习单位,小明的心态发生了巨大的变化,从郁郁寡欢到焦虑不安,时而怀疑自己的能力,时而埋怨上天对自己不公,觉得人生无望……

(2)学生以小组为单位参与活动,根据 ABCDE 模式进行 ABC 部分的逐条分析。

(3)小组集体讨论,帮助小明推演出 DE 部分,推演出最多 D 部分的小组获胜,成为情绪天使。

活动要求:全体学生参与。

在管理情绪的 ABCDE 模式中,你觉得最重要、最关键的是哪一步?为什么?你是一个善于进行到这一步的人吗?

三、有效管理情绪的技巧

1. 常见情绪管理误区

在情绪的管理中,人们经常容易踏入情绪管理的误区。

(1)忍。

中国人一般都善于忍,但是忍容易"助纣为虐",让情绪的毒素在体内繁殖,最终导致一发而不可收拾。

(2)发泄。

研究表明,40%左右的犯罪行为都是由小摩擦、小事件升级而来的。胡乱发泄只会造成彼此伤害。

(3)逃避。

这种方式产生的效果只是暂时的,当夜深人静、一个人独处的时候,又会往事重现。

案例故事

一个年轻人,脸上长了一块巨大而丑陋的胎记,英俊的脸由此而变得狰狞吓人。但他对人友善、幽默、积极向上,人们都不由自主地喜欢他,经常听他演讲。刚开始,观众总是惊讶、恐惧,但听他讲完后都心悦诚服,掌声雷动。

我们成为好朋友后,我问他:"你是怎么应付那块胎记带来的影响的?"

他说:"应付?我向来以它为荣呢!从小父亲就说:'儿子,你出生前我祈求上帝赐给我一个既与众不同,又具有特殊才能的孩子,并让天使做个记号,天使吻了你,留下了标记,让我在众多孩子中一下能找到你。'父亲的话让我深信不疑,我为没有印痕的孩子感到难过,并认为,陌生人的惊讶是羡慕。于是我更加努力,不断奋斗,生怕浪费自己的特殊才能,取得了今天的成就,这胎记何尝不是天使的吻痕,幸福的标记呢?"

> 每个人都是独一无二的,只有无条件地接纳自己后,才能快乐地享受生活,创造价值。

2. 管理情绪的技巧

快乐是可以自找的,情绪也是可以管理的。那么,怎么有效管理情绪呢?通常有以下几个技巧。

(1)学会转移。当出现情绪不佳时,要把注意力转移到使自己感兴趣的事情上,如:外出散步、看喜剧片、读读书、打打球、下盘棋、找朋友聊天、换换环境,这些有助于使情绪平静下来,可在活动中寻找到新的快乐。这种方法一方面,中止了不良刺激源的作用,防止不良情绪的泛化、蔓延;另一方面,通过参与新的活动,特别是自己感兴趣的活动而达到增进积极的情绪体验的目的。

(2)学会宣泄。人在生活中难免会产生各种不良情绪,如果不采取适当的方法加以宣泄和调节,对身心都将产生消极影响。因此,如果一个人发生不愉快的事情并受委屈,不要压在心里,而要向知心朋友和亲人说出来或大哭一场。这种发泄可以释放不良情绪,对于人的身心发展是有利的。

当然,发泄的对象、地点、场合和方法要适当,避免伤害他人。适度的宣泄则可以把不良情绪释放出来,从而使紧张情绪得以缓解、放松。宣泄通常是在知心朋友中进行的。采取的形式或是用过激的言辞抨击、漫骂、抱怨恼怒的对象;或是尽情地向至亲好友倾诉自己认为的不平和委屈,一旦发泄完毕,心情也就随之平静下来;或是通过体育运动、劳动方式来尽情发泄;或是到空旷的山林原野,拟定一个假设目标大声叫骂,发泄胸中怨气。值得注意的是,在采取宣泄法来调节自己的不良情绪时,必须增强自制力,不要随便发泄不满或者不愉快的情绪,要采取正确的方式,选择适当的场合和对象,以免引起不良后果。

名人名言

把快乐告诉一个朋友,将得到两个快乐;把忧愁向一个朋友述说,则只剩下半个忧愁。

——培根

(3)学会自我安慰。每件事情都有其两面性,正所谓"塞翁失马,焉知非福"、"否极泰来"……用这些词语来进行自我安慰,可以摆脱烦恼,缓解矛盾冲突、消除焦虑、抑郁和失望。与其懊恼于令自己不愉快的事情,不如换个角度想想此事又会带给我们什么转机。有时,我们可以试着把"如果……,怎么办呢?"的陈规思维改为"如果……,那又怎么样!"

名人名言

能控制好自己情绪的人,比能拿下一座城池的将军更伟大。

——拿破仑

(4)学会自我节制。情绪激动时,自己通过慢而深的呼吸方式,默诵或轻声警告"冷静些""不能发火""注意自己的身份和影响"词句,来抑制自己的情绪;也可以针对自己的弱点,预先写上"制怒""镇定"条幅置于案头上或挂在墙上。

 活动体验

活动名称:深呼吸。

活动目的:体验深呼吸给身体带来的舒适放松感。

活动规则:

(1)站直或坐直,微闭双眼,排除杂念,尽力用鼻子吸气。

(2)轻轻屏住呼吸,慢数一、二、三。

(3)缓慢地用口呼气,同时数一、二、三,把气吐尽为止。

(4)重复三次以上。

活动要求:准备一首舒缓的乐曲。

> **想一想**
>
> (1)深呼吸后,你是否体验到了轻松舒适?
>
> (2)在深呼吸过程中,还能加入哪些辅助手段,以帮助我们更好地控制自己的情绪?

当然,在上述方法都失效的情况下,请同学们仍不要灰心。在有条件的情况下,记得及时找心理医生进行咨询、倾诉,在心理医生的指导、帮助下,克服不良情绪,避免造成更大的危害。

模 块 总 结

婚姻、家庭、社会关系,尤其是职业生涯,凡此种种人生大事的成功与否,均取决于情商的高低。人是感情动物,人的思维、处事常受情绪的牵引。在我们正确认识自己的情绪,并对情绪进行有效管理后,就能避免产生难以预料甚至不可挽回的恶劣后果。当然,对于个人情绪的疏导、调节与控制,绝非一日之功,需要靠自己在日常生活和工作中反复的锻炼。记住:把情绪放出来,那叫本能;把情绪收回去,才叫本事!

拓 展 训 练

活动:做自己的情绪天使。

请结合自己最近的心理活动,如实填写以下内容:

我最近烦恼的事情	
原本的想法	
原本的结果	
天使的想法	
现在的结果	

模块七 时间管理

我们的一生,工作与生活都与时间休戚相关,可以说我们的生命就浸染在时间的长河中,伴随着它的无情流逝,我们的生命历程也将走向终点。时间就像沙漏,只减不增,它的这种特性,往往使我们被时间追赶着过日子。作为即将走向职场的中职学生,养成良好的时间管理习惯,将会为自己的职业生涯奠定美好的开端。

> **学习任务**
>
> 1. 了解时间的特性,理解时间管理的内涵,形成基本的时间管理意识。
> 2. 理解时间管理的基本方法,学会合理安排时间。

项目一 认识时间管理

情景导入

某天清晨,张三在上班途中,信誓旦旦地下定决心,一到办公室即着手草拟下一年度的部门预算。他准时于九点整走进办公室,但他并没有立刻开始预算草拟工作,因为他突然想到不如先将办公桌及办公室整理一下,以便在进行重要的工作之前为自己提供一个干净与舒适的环境。

他总共花了30分钟时间使办公环境变得有条不紊,他虽然未能按原定计划在九点钟开始工作,但他丝毫不感到后悔,因为30分钟的清理工作不但已获得显然可见的成效,而且它还有利于以后工作效率的提高。他面露得意神色,随手翻看报纸,稍作休息。此时他无意中发现报纸上的彩图照片是自己喜欢的一位明星,于是情不自禁地拿起报纸来,他把报纸放回报架,时间又过了10分钟。这时他略感不自在,因为他已自食其言。不过报纸毕竟是精神食粮,也是重要的沟通媒体,身为企业的部门主管怎能不看报,何况上午不看报,下午或晚上也一样要看,这样也就想开了。

正在他正襟危坐地准备埋头工作时,响起电话铃声,那是一位顾客的投诉电话,他连解释带赔礼地花了20分钟的时间才说服对方平息怒气,挂上电话他去了洗手间,在回办公室途中他闻到咖啡的香味,原来另一部门的同事正在享受"上午茶",邀他加入,他心里想,刚费尽心思处理了投诉电话,一时也进入不了状态,而且预算的草拟是一件颇费心思的工作,若头脑不清醒,则难以完成,于是他毫不犹豫地应邀加入。

回到办公室后他果然感到精神奕奕,满以为可以开始"正式工作了"——拟定预算,可是一看表,已经10:45了,距离11:00点的部门例会只剩下15分钟,他想反正在这么短的时间内也不太适合做比较庞大、耗时的工作,干脆把草拟预算的工作留在明天做。

(1)导致张三不能按计划完成"正式工作"的原因是什么?

(2)在自己的生活学习中,是否也有类似的情况发生?你是怎么处理的?

(3)这则故事对你有何启发?

一、认识时间

1. 时间的概念

时间是人类用以描述物质运动过程或事件发生过程的一个参数,它是不依赖于任何其他事物而独立存在的、无休止地均匀流逝的客体。

2. 时间的特性

时间具有以下四个特性。

(1)供给毫无弹性。

时间的供给是固定不变的,在任何情况下不会增加,也不会减少,每天都是24小时,所以我们无法开源。

(2)无法蓄积。

时间不像人力、财力、物力和技术那样被蓄积储藏。无论愿不愿意,我们都必须消费时间,所以我们无法节流。

(3)无法取代。

任何一项活动都有赖于时间的堆砌,这就是说,时间是任何活动所不可缺少的基本资源。因此,时间是无法取代的。

> **名人名言**
>
> 时间,天天得到的都是二十四小时,可是一天的时间给勤勉的人带来聪明和气力,给懒散的人只留下一片悔恨。
>
> ——鲁迅

(4)无法失而复得。

时间无法像遗失物一样失而复得,它一旦过去,则会永远消失。花费了金钱,尚可赚回,但若挥霍了时间,任何人都无力挽回。

时间是最不为人们理解和重视的,也正因为如此,时间的浪费比其他资源的浪费更为普遍,也更为严重。

 活动体验

活动名称:生活馅饼。

活动目的:结合日常生活,反思自己对时间的把握程度,促进学生形成时间意识。

活动规则:

(1)以一天24小时作为一张生活馅饼,按照自己一天的时间分配情况来分割馅饼,看看能够分割成哪些饼块,并在每一块馅饼上写上自己所做的主要事情。

(2)看看自己的馅饼,哪些板块是自己满意的,哪些板块是自己不满意的,将不满意的板块涂上颜色。

活动要求:全体学生参与。

> **想一想**
>
> (1)你一天的时间够用吗?哪些事情占用了你较多的时间?哪些事情被忽略了?
>
> (2)如果让你重新调整这张馅饼,你还会有不满意的板块存在吗?

二、认识时间管理

1. 时间管理的内涵

通过事先规划并运用一定的技巧、方法与工具,实现对时间的灵活管理以及有效运用,从而实现个人或组织的既定目标。其中最有意义、最大限度地利用自己所拥有的时间,就是时间管理。

2. 时间管理的内容

时间管理不仅是对工作时间的管理,同时也包含着对家庭生活、业余时间、业余爱好的管理。也就是说,时间管理应该是包含生活中所有时间的合理利用和支配。

> **名人名言**
>
> 时间不能增添一个人的生命,然而珍惜光阴却可使生命变得更有价值。
>
> ——卢瑟·伯班克

一个人的时间到底是怎么度过的?每个人一生的时间是怎样被利用的?时间哪里去了?为了回答这些问题,科学家对人群的时间利用做了科学的研究,将统计的结果进行汇总,从而得出如下结论。

职业素养

假设一个人的生命时间是72岁,则他的时间使用情况可以用下表来表示。

活动内容	所消耗时间	活动内容	所消耗时间
睡觉	21年	学习	4年
工作	14年	开会	3年
个人卫生	7年	打电话	1年
吃饭	6年	找东西	1年
旅行	6年	其他	3年
排队	5年		

案例故事

有两个人,到非洲去考察,他们突然迷路了,正当他们在想怎么办时,突然看到一只非常凶猛的狮子朝着他们跑过来,其中一人马上从自己的旅行袋里拿出运动鞋穿上,另外一人摇头说:"没有用呀,你怎么跑也没有狮子跑得快。"同伴说:"嗨,你当然不知道,在这个紧要关头最重要的是我要比你跑得快!"

启迪

面对日益激烈的竞争,我们只能合理利用自己的资源,包括时间资源,努力跑赢对手!

知识链接

浪费时间的原因有主观和客观两大方面。这里,我们来分析一下浪费时间的主观原因,因为这是浪费时间的根源。

1.观念不对。

进取心不足,缺乏时间意识,态度消极悲观。

2.目标不明。

缺乏计划,抓不住重点。

3.技巧不够。

缺乏优先顺序;做事有头无尾;没有条理,不简洁,简单的事情复杂化;事必躬亲,不懂得授权;不会拒绝别人的请求。

4.习惯不好。

整理整顿不足,工作作风拖拉。

5.组织不当。

工作流程不畅,标准不明确须返工,相互配合衔接不当。

项目二　学会时间管理

情景导入

一位富翁买了一幢豪华的别墅。从他住进去的那天起,每天下班回来,他总看见有个人从他的花园里扛走一个箱子,装上卡车拉走。

他来不及叫喊,那人就走了。这一天他决定开车去追。那辆卡车走得很慢,最后停在城郊的峡谷旁。陌生人把箱子卸下来扔进了山谷。富豪下车后,发现山谷里已经堆满了箱子,规格、样式都差不多。

他走过去问:"刚才我看见你从我家扛走一个箱子,箱子里装的是什么?这一堆箱子又是干什么用的?"那人打量了他一番,微微一笑说:"你家还有许多箱子要运走,你不知道?这些箱子都是你虚度的日子。"

"什么日子?"

"你虚度的日子。"

"我虚度的日子。"

"对。你白白浪费掉的时光、虚度的年华。你朝夕盼望美好的时光,但美好时光到来后,你又干了些什么呢?你过来瞧……"

富豪走过来,顺手打开了一个箱子。

箱子里有一条暮秋时节的道路。他的未婚妻独自孤单地踏着落叶慢慢走着。

他打开第二个箱子,里面是一间病房。他的弟弟躺在病床上等他回去。

他打开第三只箱子,原来是他那所老房子,那条忠实的狗卧在栅栏门口眼巴巴地望着门外,已经等了他两年,骨瘦如柴。富豪感到心口绞疼起来。陌生人像审判官一样,一动不动地站在一旁。富豪痛苦地说:"先生,请你让我取回这三个箱子,我求求您,我有钱,您要多少都行。"

陌生人做了个根本不可能的手势,意思是说:"太迟了,已经无法挽回。"说罢,那人和箱子一起消失了。

时间会在不知不觉的时候溜走,而当你觉醒时,已经晚了。你觉得我们应该如何合理运用时间?

一、时间管理的关键

时间管理有三大观念,第一是时间观念,第二是效率观念,第三是效能观念。对这三大观念的理解和把握,是时间管理的关键。

1. 建立时间观念:1 小时与 3 年的关系

建立时间观念很重要,有了时间观念,才能利用琐碎时间,才能把点点滴滴的时间珍惜起来。在人们的理解中,3 年是一个很大的时间单位,而 1 小时则是一个常被忽略的时间单位。实际上,如果每天能节约出 1 个小时,则在人生 70 年的岁月中,就可以节约出 3 年的时间,时间观念的重要性由此可见一斑。

2. 建立效率观念:速度能使石头漂起来

所谓效率观念,就是要有速度。集中精力度过一小时和精力涣散地度过一小时是截然不同的。特别是在脑力劳动方面,这种差距更为明显。例如 A 只用 10 分钟的时间思考,然后信手拈来做了一个企划;而 B 花了 10 个小时憋出了一个企划。这里从时间效率而言,就有高达 60 倍的差距。B 即使节约个十来分钟的时间,也无法追上 A,差距实在太大了。

3. 建立效能观念:始终不偏离终极目标和结果,与人生奋斗方向相吻合

做你真正感兴趣、与自己人生目标一致的事情。一个人的"生产力"和"兴趣"有着直接的关系,而且这种关系还不仅仅是单纯的线性关系。有研究表明,如果面对没有兴趣的事情,可能会花掉 40%的时间,但只能产生 20%的效果;如果遇到感兴趣的事情,可能会花 100%的时间而得到 200%的效果。要在工作上奋发图强,身体健康固然重要,但是真正能改变你状态的关键是心理而不是生理。真正地投入到你的工作中,你需要的是一种态度、一种渴望、一种意志。

活动名称:昨天、今天、明天。

活动目的:体会时间的稍纵即逝,把握当下。

活动规则:

(1)准备 3 把凳子,分别代表昨天、今天、明天。

(2)让一名学生上台选一把自己喜欢的凳子并坐上,然后再让他自己从班里选两名学生坐在剩下的两把凳子上。

(3)先让后面上来的两名学生分享自己的体验:此时坐在这里舒服吗?

(4)问第一个上来的学生为什么会选这个凳子,此时是什么感受,对刚才的选择满意吗？如果满意率为10分,你会打几分？

活动要求:全体学生参加;时间为10分钟。

(1)在刚才的这个游戏里,你观察到了什么？
(2)面对"昨天、今天、明天"这三把凳子,你最想坐在哪里？为什么？

二、时间管理的方法

1. 时间"四象限"法

著名管理学家科维提出了一个时间管理的理论,把工作按照重要和紧急两个不同的程度进行了划分,基本上可以分为四个"象限":既紧急又重要(如人事危机、客户投诉、即将到期的任务、财务危机)、重要但不紧急(如建立人际关系、新的机会、人员培训、制订防范措施)、紧急但不重要(如电话铃声、不速之客、行政检查、主管部门会议)、既不紧急也不重要(如客套的闲谈、无聊的信件、个人的爱好)。

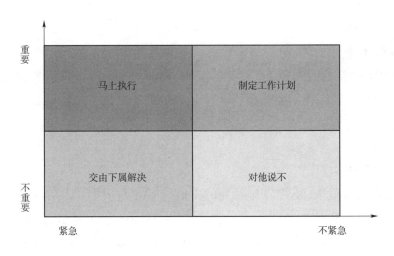

(1)对重要和紧急的事情当然是立即就做；

(2)对不重要、不紧急的事情不做；

(3)平时多做重要但不紧急的事情(因为这是第二象限,常常被称为第二象限工作法)；

(4)对紧急但不重要的事情选择做。

2. 计划管理

关于计划,有日计划、周计划、月计划、季度计划、年度计划。时间管理的重点是待办单、日计划、周计划、月计划。

待办单:将你每日要做的一些工作事先列出一份清单,排出优先次序,确认完成时间,以突出工作重点。要避免遗忘,就要避免半途而废,尽可能做到今日事今日毕。

每年年末做出下一年度工作规划；每季季末做出下季末工作规划；每月月末做出下月工作计划；每周周末做出下周工作计划。

3. 记录时间

知道你的时间是如何花掉的：挑一个星期，每天记录下每 30 分钟做的事情，然后做一个分类（例如：读书、和朋友聊天、社团活动）和统计，看看自己什么方面花了太多的时间。凡事想要进步，必须先理解现状。每天结束后，把一整天做的事情记录下来，在一周结束后，分析一下，这周你的时间如何可以更有效率地利用？有没有活动占太大的比例？有没有方法可以增加工作效率？

4. 选择与决定

一天只有 24 个小时，时钟每时每刻都在不停地往前走，但是，我们想干的事情又偏偏那么多。因此，我们必须学会选择并做出明确的决定：面对不同的人或事，我们要选择说"是"或者说"不"；面对那么多的事情，我们要决定如何利用每天仅有的 24 小时。没有人能够做完所有的事，也没有人可以拥有一切。只要你敢于放弃生活中次要的方面，集中精力关注重要的事，你最终获得的就不仅是成功，还有最宝贵的生活平衡。

5. 运用二八原则

如果最高效地利用时间，只要 20% 的投入就能产生 80% 的效率。相对来说，如果使用最低效的时间，80% 的时间投入只能产生 20% 效率。一天头脑最清楚的时候，应该处理难度大的工作。所以，我们要把握一天中最高效时间（有些人是早晨，也有些人是下午和晚上；除了时间之外，还要看你的身体状态），用于最困难的科目和最需要思考的事情上。

6. 考虑不确定性

在时间管理的过程中，还需应付意外的不确定性事件，因为计划没有变化快，需要为意外事件留时间。有三个预防此类事件发生的方法：一是为每件计划都留有多余的预备时间。二是不留余地，努力使自己在饱受干扰的情况下，完成预计的工作。三是另准备一套应变计划，迫使自己在规定时间内完成工作。

 案例故事

课堂上，教授在桌子上放了一个玻璃罐子，然后从桌子下面拿出一些正好可以从罐口放进罐子里的鹅卵石。教授把石块放完后问他的学生："你们说这个罐子是不是满的？""是。"所有的学生异口同声地回答。教授笑着从桌底下拿出一袋碎石子，把它们从罐口倒下去，摇一摇，问："现在罐子是不是满了？"大家都有些不敢回答，一位学生怯生生地细声回答："也许没满。"教授不语，又从桌下拿出一袋沙子，慢慢倒进罐子里，然后又问学生："现在呢？""没有满！"全班学生很有信心地回答说。是的，教授又从桌子底下拿出一大瓶水,缓缓倒进看起来已经被鹅卵石、小碎石、沙子填满的玻璃罐。

> **想一想**
>
> 如何根据学生的日常安排,按照"事分轻重缓急"进行组合,确定先后顺序,做到不遗不漏?
>
> A级别:时间紧、具有一定的挑战性、非常重要的事情。如即将到来的考试必须多花时间进行准备。很多人惧怕A级别的事情,觉得太复杂,要耗费太多的精力,同时因为怕完不成或者完成得不完美而采取逃避的态度。
>
> B级别:很重要、在时间上没有特别要求。这一级别的事情当前不需要马上交差,但又非做不可,容易在不急人的心理中被遗忘,在最后关键时刻演变成A级别事件,如两周前老师布置的期中检查作业。
>
> C级别:时间上紧迫、并不是很重要的、可以请别人代劳的事情,如取快件,可以请同学顺便去取。
>
> D级别:时间上不紧迫也不是很重要的事情,有的可以请别人做;有的可以降低标准;有的必须要做则放在零碎时间中完成;有的对生活没有益处的事件则建议选择放弃,如毫无意义的闲逛。

三、时间管理的基本程序

1. 评估

评估包括评估时间利用情况、管理者浪费时间的情况以及个人的最佳工作时间。

2. 计划

(1) 制订具体工作目标及重点;

(2) 选择有效利用时间的方法与策略;

(3) 列出时间安排表。

3. 实施时间计划时的注意事项

(1) 集中精力;

(2) 学会"一次性处理"或"即时处理";

(3) 关注他人时间;

(4) 有效控制干扰;

(5) 提高沟通技巧;

(6) 处理好书面工作。

4. 评价

评价时间安排是否合理有效,活动主次是否分明,有无时间浪费情况。

知识链接

时间管理——华为成功之宝

1.法宝一:以SMART为导向的"华为"目标原则。

"华为"的目标原则不单单是有目标,而且是要让目标达到SMART标准,这里SMART标准是指:

(1)具体性(Specific),这是指目标必须是清晰的,可产生行为导向。比如,目标"我要成为一个优秀的'华为人'"不是一个具体的目标,但目标"我要获得今年的华为最佳员工奖"就算得上是一个具体的目标了。

(2)可衡量性(Measurable),是指目标必须用指标量化表达。比如上面这个"我要获得今年的华为最佳员工奖"目标,它就对应着许多量化的指标——出勤、业务量。

(3)可行性(Attainable)。这里可行性有两层意思:一是目标应该在能力范围内;二是目标应该有一定难度。一般人在这点上往往只注意前者,其实后者也相当重要。如果目标经常达不到,的确会让人沮丧,但同时也应注意:太容易达到的目标会让人失去激情。

(4)相关性(Relevant)。这里的"相关性"是指与现实生活相关,而不是简单的"白日梦"。

(5)及时性(Time-based)。及时性比较容易理解,是指目标必须确定完成的日期。不但要确定最终目标的完成时间,还要设立多个小时间段上的"时间里程碑",以便进行工作进度的监控。

2.法宝二:关注第二象限的华为四象限原则。

根据重要性和紧迫性,我们可以将所有的事件分成4类,即建立一个二维四象限的指标体系,见下表。

类别	特征	相关事宜
第一象限	"重要紧迫"的事件	处理危机,完成有期限压力的工作
第二象限	"重要但不紧迫"的事件	建立人际关系网络、发展新机会、长期工作规划、有效的休闲
第三象限	"不重要但紧迫"的事件	不速之客,某些电话、会议、信件
第四象限	"不重要且不紧迫"的事件或者是"浪费时间"的事件	阅读令人上瘾的无聊小说,观看毫无价值的电视节目

第三象限的收缩和第四象限的舍弃是众所周知的时间管理方式,但在第一象限与第二象限的处理上,很多人更关注于第一象限的事件,这将会使人长期处于高压力的工作状态下,经常忙于收拾残局和处理危机,这很容易使人精疲力竭,长此以往,既不利于个人,也不利于工作。

3. 法宝三:赶跑时间第一大盗的华为韵律原则。

"打扰是第一时间大盗"。为了解决这个问题,华为提出了自己的时间管理法则——韵律原则。它包括两个方面的内容:一是保持自己的韵律,具体的方法包括,对于无意义的打扰电话要学会礼貌地挂断,要多用干扰性不强的沟通方式(如:Email),要适当地与上司沟通,减少来自上司的打扰;二是要与别人的韵律相协调,具体方法包括,不要唐突地拜访对方,要了解对方的行为习惯。

4. 法宝四:执着于流程优化的华为精简原则。

著名的时间管理理论——崔西定律指出:"任何工作的困难度与其执行步骤的数目平方成正比。例如,完成一件工作有3个执行步骤,则此工作的困难度是9,而完成另一工作有5个步骤,则此工作的困难度是25,所以必须简化工作流程。"

通过研究和剖析华为的时间管理方法,我们得到一个重要启示:时间管理是企业提高员工整体素质的最有效法宝。

模 块 总 结

能够登上金字塔顶端的动物有两种,一种是雄鹰,一种是蜗牛。雄鹰拥有矫健的翅膀,能够飞到金字塔的顶端,蜗牛虽然一点一点往上爬,但它所达到的高度和看到的世界是一样的。无论你是雄鹰还是蜗牛,只要你拥有勤奋和努力,每一分、每一秒过得有意义,终有一天,你也可以在无限风光的险峰欣赏美丽的风景。

拓 展 训 练

1. 根据时间管理的基本方法,记录自己最近一周的时间花费情况,并制订出合理的时间管理"象限"图。
2. 收集关于时间管理的名言警句不少于三条,并写出你对每一条的心得体会。
3. 学完本模块,结合自己的实践,谈谈你最大的收获是什么?

模块八　创新与创业

21世纪是一个创新的世纪,当今社会迫切需要具有创新与创业能力的人才,创新意识与创业能力已经成为时代竞争的先决条件。在"大众创业、万众创新"的时代背景下,中职学生想要立足于社会,顺应历史潮流,除了良好的文化素质和一技之长外,还需要培养敏锐的创新意识和强烈的创业愿望,有吃苦耐劳的精神和不怕失败的顽强毅力。

> **学习任务**
>
> 1. 了解创新和创业的含义,了解创业者必备的素质;能够较为系统地掌握中职学生创新、创业认知的相关基本理论。
> 2. 激发创业意识,培养创新精神,提高创造力、学习力、适应力、竞争力等。

项目一　创　新

情景导入

情景一。一般情况下,一个邮筒只有一个或者两个投递口,邮件投进去之后都混在一起。邮递员都是先把信件拿出来,先捡后分,费时又费力。上海的李文彪同学设计了一个新式的邮筒。这个邮筒有三个投递口,分别投寄本市、外地和航空邮件。邮筒里分成三格,而且能旋转。这样,邮递员开门取信时,只要转内格,就可以按类取信了。由于收信后不用再捡,就省事多了。这个小发明就是从增加投递口的个数入手设计的,它在全国青少年创造发明比赛中获得一奖。

情景二。有一家叫普拉斯文具公司,把文具组合改进提高,使文具盒子安装有电子表、温度计,甚至可以成为一个变形金刚。由于文具盒子花样多,迎合了小朋友的心理和兴趣,所以销量越来越大,很快成为风行全球的商品,普拉斯也成为知名品牌。

情景三。宜家的书桌、饭桌去掉了抽屉,简洁、方便,深受广大消费者的喜爱。

情景四。江南春在电梯即将关闭时看到舒淇的海报,联想到电梯门口安装电视,造就了分众传媒,带来了亿万财富。

情景五。鲁班被草划破了手,他模仿茅草边缘的小齿发明了锯。

情景六。以前人们出门要带钱才能买东西,后来发展到可以用刷银行卡的方式支付,直到现在企业充分利用手机的便利和科技的发展,开启了闪付、Apple Pay、支付宝、微信支付的时代。

(1)你觉得上面提到的事件有哪些是创新?

(2)你有创新思维吗?

一、创新的内涵

创新概念的理解一般有狭义和广义两个层次。狭义的创新立足于把技术和经济结合起来,所以狭义的创新仅仅指的是技术创新,即创新是一个从新思想的产生到产品设计、生产、营销和市场化的一系列行动。

> **名人名言**
> 领袖和跟风者的区别就在于创新。
> ——乔布斯

广义的创新是指人们为了发展的需要,运用已知的信息,不断突破常规,发现或产生对社会发展有益处的、能推动人类社会进步的新事物和新思想的活动。它包含三层含义:更新、创造新的东西、改变。而实际上理论创新、观念创新、知识创新、制度创新、管理创新都是属于创新的一部分,创新涵盖了所有的有形事物、无形事物、物质文明成果和精神文明成果。凡是能想出新点子、发现新例子、创造出新事物的思维都属于创新思维。

活动名称:故事接龙。

活动目的:让学生明白如何在受限制的情况下发挥想象力和创造力,培养学生的创新能力。

活动规则:

(1)学生每人一张卡片,卡片上写了一个词语或者一个人名。

(2)老师开始以"很久很久以前"开始讲一小节故事,接着指定一个学生继续往下讲故事,所讲的内容必须包含他拿到的卡片上的字。

(3)接着该名学生指定下一位学生,由他继续往下讲故事。

(4)最后一名学生需为故事设定一个结局。

活动要求:全体学生参与。

> **想一想**
>
> (1)你觉得哪一个小节的故事吸引人?
>
> (2)为什么吸引人?

二、创新的意义

1. 对个人而言,创新是个人才能的最高表现形式

创造能力是新世纪知识性时代对人才的基本要求之一,因此创造能力可改变一个人的修养、思想以及命运。创造能力也是一个现代优秀人才的基本素质之一。人类的发展史就是一部创新史。火的发明使人类告别了茹毛饮血的野蛮时代,电灯的发明改变了人类日出而作、日落而息的传统生活方式,火车飞机的诞生使远在天涯的人变得近在咫尺,网络的开发使用成就了今天的"地球村"。

> **名人名言**
>
> 　　即使你成功模仿了一个天才,你也缺乏他的独创精神,这就是他的与众不同之处。我们来赞美大师吧,但不要模仿他们。还是让我们别出心裁吧,如果成功了,当然很好;如果失败,又有什么关系呢?
>
> ——雨果

2. 对国家而言,创新是一个国家和民族持续发展的源泉和动力

1998年2月14日江泽民主席指出:"创新是一个民族进步的灵魂,是国家兴旺发达的动力"。创新能力的高低不仅关系到科技发展,也关系到一个民族的兴衰。一个没有创新能力的民族,难以在激烈的国际竞争中脱颖而出;一个国家只有拥有强大的自主创新能力,才能在激烈的国际竞争中把握先机、赢得主动。提高自主创新能力,建立创新型国家,这是国家发展战略的核心,是提高综合国力的关键。近年来我国各方面之所以能发展如此迅猛,就是因为创新扮演了极为重要的角色。

> **名人名言**
>
> 　　企业的成败在于能否创新,尤其是当前新旧体制转换阶段,在企业特殊困难时期,更需要有这种精神。
>
> ——黄汉清

3. 对企业而言，创新意味着生存的保障与发展的空间

没有创新就没有竞争力，没有创新也就没有价值的提升，创新对于企业来说至关重要，企业只有不断吸收新的知识，开发新的工艺和产品，采用新的生产方式和管理模式，才能占据市场，实现价值。所以，创新是一个企业发展与生存的根本动力，创新也是一个企业的生命。

案例故事

1976年4月1日，苹果公司由史蒂夫·乔布斯、斯蒂夫·盖瑞·沃兹尼亚克和罗纳德·杰拉韦德和维恩创立。之后在他们的共同努力之下，公司一步一步地发展壮大，直至达到现在的水平。虽然其中经历了各种各样的挫折和磨难，但是只有在摸爬滚打中才能获得生存发展的真谛。那就是不断地实验，不断地创新，只有创新才能在残酷的手机通信行业里获得生机，才能引领市场。从苹果公司的其中一款产品iphone手机就能够看出来该企业的创新水平和企业文化。苹果公司的创新主要体现在以下几个方面：

1. 设计创新

手机的外观是给消费者的第一感觉，如果消费者的第一感觉就不是很好的话，那么他对这款手机的兴趣度就会大打折扣。而苹果手机流畅的线条、轻薄的手感、华丽的外观，一眼就给人高大上的感觉。苹果手机有着圆角矩形的专利权，手机大小合适，四角圆润流畅，商标简约舒适，无不给顾客以最大的舒适感。

2. 技术创新

华丽的外观只会暂时性地吸引顾客的第一眼球，接下来就是看手机的配置，如果没有技术作支持，那么再好看的外观终究也只是外表，理性的消费者并不会因此买账。Iphone手机率先应用了多点触屏、重力感应器、光线传感器、甚至三轴陀螺等超过200项的专利与技术，并把这些技术的应用发挥到极致。例如，通过对操作软件和触摸屏的创新开发，使苹果手机的按键简化到只有一个。在屏幕上用户只需要用两根手指张开或者合拢，手机就能重新调整窗口的大小；根据环境光线的强弱，手机就能自动调节屏幕的亮度。这样的例子还有很多，用户在用手机时就好像手机能读懂用户的心思，迎合用户的口味，这也标志着手机的智能化真正到来。

3. 营销创新

创新的根本在营销，以获得市场认可。一个完美的创新必须要经得起市场的检验，获得消费者的青睐，而这一切都与营销密不可分。在这一点上苹果的营销策略尤其值得借鉴。消息的绝对保密：在新产品发布之前，公司将新产品的最新消息守口如瓶，使得外界对产品充满了期待，之后再将消息一点点的透露出去，着实掉足了消费者的胃口。而产品的价格采用了随时间递减的策略。为得到自己心爱的手机总是有人不惜"重金"购买，而手机是一个快速消费的产品，再好也有它的保质期，所以就需要不停地更新换代,而在下一款产品出来后,之前款式的手机总会降价,这也使得普通消费者得以跟进。一代代的使用,再加上苹果手机产品不断完善,使得苹果手机获得了消费者良好的口碑,从而塑造了品牌。

4. 商业模式的创新

苹果公司不仅在手机设计、多媒体功能应用方面开创了智能手机的新潮流,更重要的是它开创了一种新型的商业模式——Itunes store。Itunes store 是一个出售各种手机软件的应用商店。苹果公司的网上商城有着各式各样的软件,其种类多,下载量大,这也为苹果公司创造了巨额的利润。

创新要立足于消费者,以消费者的眼光看待自己的产品。也许用户并不知道自己到底需要的是一种什么样的产品,而我们要做的就是以创新意识去引导市场的需求。不仅如此,还需要以开放式的创新来进行管理,不断汲取外部的力量来充实自己,获得新的血液,才是一个企业源源不断的前进动力。

> **启迪**
>
> 无论是一个国家,还是一个企业或个人,要进步,要发展,都应该有创新意识和创新精神。一个人越是学习,未知的世界越大,也就越感到自身知识的缺乏;而越是通过不断学习、积累前人的优秀成果,就越能不断创新。

 知识链接

> 一天上手工课,大家都把自己的作品交给老师,有泥鸭子、小布鞋、蜡水果……老师拿出一个小板凳,生气地问:"你们谁见过这么糟糕的板凳?"孩子们都笑起来了,爱因斯坦却低下了头。老师看了他一眼,说:"世界上还有比这更糟糕的板凳吗?"爱因斯坦站了起来,小声说:"有的。"同学们惊奇地看着爱因斯坦,只见他从书桌里拿出两个更不像样的小板凳,摆在桌子上,说:"老师,这是我第一次和第二次做的,交给您的是我第三次做的,它虽然不好,但是比这两个强一些。"
>
> 正是因为爱因斯坦具有执着与创新精神,才使他后来成为著名的科学家。创新不是凭空想象,而是在继承前人优秀成果的基础上进行的创新。

三、中职学生创新能力的培养

创新并不是某一类人的特权,也不是只有某一类人才能做到的事情。在生活中只要你多观察、多实践,就能在不经意的时候迸发一些思想的火花,坚持收集和整理,把创新变成一种习惯,你就会发现,你本身就是一个很有创造力的人。

 活动体验

活动名称:"偏向虎山行"。

活动目的:训练学生在困难的情况下,如何利用发散思维,用创新思维解决问题。

活动规则:

(1)将学生分成4人一组,每一组一张任务卡。每张卡片上写着一件商品的名字以及它应卖给的特定人群。这些特定人群看起来并不需要这些商品,实际上应该完全拒绝这些商品。比如向非洲人销售羽绒服,向古爱斯基摩人销售冰箱。总之,每个小组面临的挑战是,销售不可能卖出的商品。

(2)每个小组应根据任务卡的要求准备一条30秒的广告语,用来向特定人群推销商品。该广告应注意以下三点:

①该商品如何改善特定人群的生活。

②这些特定人群应如何创造性地使用这些商品。

③该商品与特定人群现有的使用目的和价值标准之间是如何匹配的。

(3)给每组15~20分钟的时间,按照上述三点要求写出一个30秒长的广告语,要注意趣味性和创造性。

(4)其他未参加的同学暂时扮演特定人群,认真倾听该小组的广告词。应该根据广告能否打动他们,是否激起了他们的购买欲望,是否能满足某个特定需求来判断广告效果。最后通过举手的方式,统计出有多少人会被说服而购买这个产品;有多少人觉得这些推销员很可笑,简直是白费力气。

(5)在这个游戏中,每个人都必须采用他人的视角。第一次是把自己看成你的目标人群,以目标人群的眼光看你的产品;第二次是其他学员以卡片中特定人群的视角,倾听广告。

(6)选出优胜的一组,给予奖励。

活动要求:学生分组参加。

> **想一想**
>
> (1)善解人意在我们的生活和工作中扮演何种角色?做到这点是否给你带来好处?
>
> (2)为了与你的客户甚至是反对你的人心意相通,你需要作出哪些让步和牺牲?
>
> (3)在推销你们小组的商品时,你是否墨守成规,按照人们常用的方法去推销商品?
>
> (4)你一定遇到过这种情况:有时候商品的使用价值和他人的需要并不一致,你纵有雄心壮志却无人欣赏?在做这个游戏之前你如何处理?做过这个游戏,你将如何改进你的方法?

知识链接

中国永远做开放大国、学习大国、包容大国。从中国国情出发,努力建设成为一个创新大国。借改革创新的"东风",在960万平方公里土地上掀起一个"大众创业""草根创业"的新浪潮。

——2014年9月10日,2014年达沃斯论坛开幕式

要通过政府放权让利的"减法",来调动社会创新创造热情的"乘法"。中国经济要转型升级,向中高端迈进,关键是要发挥千千万万中国人的智慧,把"人"的积极性更加充分地调动起来。

——2014年12月3日国务院常务会议

促进互联网共享共治,推动大众创业万众创新。

——2014年11月20日首届世界互联网大会

21世纪的竞争,实际上是知识创新和技术创新的竞争,归根到底是具有创新能力的高素质人才的竞争。中职学生作为21世纪经济发展的一线人员,更不能缺少创新能力。创新是知识、能力、素质三者积累结合而外化出的一种超越现实、打破陈规、突破权威的意识、精神和实践。要做一个创新型人才需要具有以下素质:

1. 良好的自信

中职学生应当对自己的能力和水平有正确的认识并具有自信心,自信是创新的第一要素,是打开人类潜能的钥匙。人的潜能如同一座待开发的金矿,我们只有充满自信,才能开发出埋藏在深处的巨大潜能。

2. 培养科学的学习习惯和思维习惯

出色的科学家之所以能持续不断地取得成就,在于他们有从不枯竭的兴趣,并自觉培养自己的兴趣,聚精会神地研究它。由此看来新发明、新发现与发明家的思维习惯、学习精神是密不可分的。

3. 有广泛联系实际,解决实际问题的能力

在学习专业知识的过程中,同学们应该将所学的理论知识与实际充分地联系起来,尝试去解决问题,培养自己良好的思维能力,提升自己解决问题的能力和创新能力。

 **案例故事**

1974年,美国政府为了清理给自由女神像翻新而留下的废料,向社会广泛招标。但几个月过去了,仍无人问津。远在法国旅行的一位犹太商人听到消息后,立即飞往纽约。看过自由女神像下堆积如山的废旧铜块、螺丝和木料后,他没有提任何条件,当即签下

合同。

这位犹太商人的举动令纽约商人纷纷嘲笑。因为在纽约,当地政府对垃圾处理有十分苛刻的规定,并且弄不好还会受到当地众多环保组织的法律起诉。

然而,就在大家着看他"吃不了兜着走"的笑话时,犹太商人开始了他的清理工程——他组织工人将废料进行分类,然后把废铜熔化之后铸成小自由女神像,并用水泥块和废木料做底座;把废铅、废铝加工成具有纽约广场图案的钥匙型饰物;最后,他甚至还把从自由女神像身上扫下的灰尘都包了起来,准备出售给花店。

结果不到3个月的时间,犹太商人把那些"100%自由女神像纪念品"销往纽约之外,有的甚至畅销世界各地,犹太商人让一堆废料变成了350万美元的现金。

犹太人在创新创业方面处于世界领先地位,犹太人不但善于经商,还善于创新,犹太经济发展的核心就是成功的创业和创新。犹太人非凡的创新精神的培养就是因为他们善于思考和良好的思维习惯,有联系实际的能力。

四、创新与"工匠精神"

"工匠精神"是指工匠对自己的产品精雕细琢、精益求精、追求完美的精神理念。工匠们喜欢不断雕琢自己的产品,改善自己的工艺,享受产品在双手中升华的过程。概括而言,"工匠精神"就是追求卓越的创造精神、精益求精的品质精神、用户至上的服务精神。

很多人认为工匠是一个机械重复的劳动者,其实,工匠有着更深远的意义,他代表着一个时代的气质,坚定、踏实、精益求精。"工匠精神"在这个时代的土壤中酝酿着新的含义,被赋予了特有的时代特征,创新无疑成为其首要内涵。今天的中国,不仅能在高端科技上实现领先,华为、海尔、格力优秀企业也走在世界的前列,这些成就的取得,是当代中国人专注执着、追求极致的"创新"与"工匠精神"的完美体现。

世界上没有一蹴而就的改革,也难得"四两拨千斤"的创新。只有具有工匠精神,设计研发人员才会对产品不断钻研思索、不停打磨探寻,在一点一滴的积累中实现技术和工艺创新。就此而言,创新是工匠精神的一种延伸。小到对每一个工作环节高质高效的革新,大到新产品、新技术的研发,都是具体体现。

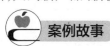

董政来自四川阆中,1999年毕业于四川交通运输职业学校道路与桥梁施工专业。董政的父亲是路桥工人,在父亲的熏陶下,他从小就培养起了不怕苦、不怕累的坚韧性格,立志将来也能像父亲一样,为祖国的交通建设事业奉献自己的青春和热血。

职业素养

董政毕业之后，应聘到四川路桥集团，站在人生崭新的起跑线上，他怀揣梦想，激情满怀。当时，每一批新人到公司都要经过三个月的魔鬼训练，董政因为在训练中表现的吃苦耐劳、踏实、肯钻研的精神而被领导重视。训练结束之后，基于公司对他的信任，他被派到了机械化分公司，参与九寨沟至黄龙机场专用道路建设，这在当时是最艰苦的一个项目，也是最考验人的一个项目。董政在阿坝州里面一待就是十年，也正是在这十年时间里，磨砺了他优秀的品质。从一个普通的技术员，做到质检科长，试验室主任，突击队长，隧道处处长，有时候甚至身兼数职。不管是多苦多累，他从不埋怨。在工作之外的时间，他读书丰富自己的专业知识，在工作中，磨炼自己的技能，要求员工与自己都要做到"零出错""零事故"。

有一次，他还在做突击队长的时候，有一段公路因为塌方，上级要求必须要在15天之内完成抢修。他带领工程队没日没夜地干，只想快点清理完塌方，为了打通公路要塞，整整8天，他不眠不休，直到第9天早上塌方处理完，他却因为太累，晕倒在路边。当同事扶他回驻地的时候，他回头看着疏通的道路，终于露出欣慰的笑容。

他知道在学校里学的东西有时候仅限于纸上谈兵，在现实生活中更需要刻苦钻研，只有不断地学习，才不会被淘汰。

启迪

一个充满活力、创新驱动的中国，既需要天马行空的"创造力"，也需要脚踏实地的"匠心"。其实，"工匠精神"就是由细节和创新糅合的产物。

对于当代中职学生而言，要把"创新"与"工匠精神"体现在学习上。

首先，要有"将不懂的内容先学懂，再学精"的态度，要勇于攻坚克难。

其次，要专注学习，做好每一件平凡的事情，不断追求完美、追求创新。

再次，学习是永无止境的，要学到极致，就要勤于重复，重复的次数越多，就会越熟练，也就更能达到精益求精的境界。

最后，在学习中创新，将学习所得用作创新的资源，换句话说，就是让学生以创新的思维、创新的方法、创新的精神投入到学习中，争取更大的进步。

模块八 / 创新与创业

项目二　创　业

情景导入

一个只上过3天小学、仅会写自己名字的农村妇女,可以说目不识丁。她白手起家创业,居然在短短的6年间,创办出一家资产达13亿元的私营大企业!

1989年,陶华碧用省吃俭用积攒下来的一点钱,在贵阳市南明区龙洞堡的一条街边,用四处捡来的砖头盖起了一间房子,开了简陋的餐厅,取名"实惠餐厅",专卖凉粉和冷面。为了佐餐,她特地制作了麻辣酱,专门用来拌凉粉,结果生意十分兴隆。

有一天早晨,陶华碧起床后感到头很晕,就没有去菜市场买辣椒。谁知,顾客来吃饭时,一听说没有麻辣酱,转身就走。这件事对陶华碧的触动很大。

她一下就看准了麻辣酱的潜力,从此潜心研究起来。经过几年的反复试制,她制作的麻辣酱风味更加独特。很多客人吃完凉粉后,还买一点麻辣酱带回去,甚至有人不吃凉粉却专门来买她的麻辣酱。后来,她的凉粉生意越来越差,而麻辣酱却做多少都不够卖。一天中午,她的麻辣酱卖完后,吃凉粉的客人就一个也没有了。她关上店门,走了10多家卖凉粉的餐馆和食摊,发现他们的生意都非常好。原来这些人做佐料的麻辣酱都是从她那里买来的。

第二天,她再也不单独卖麻辣酱。经过一段时间的筹备,陶华碧舍弃了苦心经营多年的餐厅,1996年7月,她租借南明区云关村委会的两间房子,招聘了40名工人,办起了食品加工厂,专门生产麻辣酱,定名为"老干妈麻辣酱"。办厂之初的产量虽然很低,可当地的凉粉店还是消化不了,陶华碧亲自背着麻辣酱,送到各食品商店和各单位食堂进行试销。不到一周的时间,那些试销商便纷纷打来电话,让她加倍送货;她派员工加倍送去,很快就脱销了。

1997年8月,"贵阳南明老干妈风味食品有限责任公司"正式挂牌,工人一下子增加到200多人。此时,对于陶华碧来说,最大的难题并不是生产方面,而是来自管理上的压力。虽然没有文化,但陶华碧明白这样一个道理:帮一个人,感动一群人;关心一群人,肯定能感动整个集体。果然,这种亲情化的"感情投资",使陶华碧和"老干妈"公司的凝聚力一直只增不减。在员工的心目中,陶华碧就像妈妈一样可亲、可爱、可敬;在公司里,没有人叫她董事长,全都叫她"老干妈"。

(资料来源:http://www.201980.com/lzgushi/xueshu/2890.html)

职业素养

(1)陶碧华创业成功的秘诀是什么?
(2)优秀的企业家需要有哪些素质?

一、创业的含义

创业是指某个人发现某种信息、资源、机会或掌握某种技术,利用或借用相应的平台或载体,将其发现的信息、资源、机会或掌握的技术,以一定的方式,转化、创造成更多的财富、价值,并实现某种追求或目标的过程。它是创业者对自己拥有的资源或通过努力能够拥有的资源进行优化整合,从而找出更大的经济或社会价值的过程。创业也有广义和狭义之分,广义的创业是指创业者的各项创业实践活动,其功能指向国家、集体和群体的大业。狭义的创业是指创业者的生产经营活动,主要是开办企业、开创个体和家庭的小实业体。

二、创新与创业

联合国教科文组织对创新教育的定义是培养创新意识、精神、思维、能力与人格多个元素的教育活动。虽然创新与创业是两个不同的概念,但是两个范围之间却存在着本质上的契合,内涵上互相包容和实践过程中的互动发展。

(1)创新是创业的基础,创新的价值常常体现于创业,创新是企业发展的原动力。创业是对创新的实践,在本质上是人们的一种创新性实践活动。创业者只有通过创新,才能使企业生存并保持持久的生命力。尤其是刚踏入社会的创业者,更需要有创新精神,有创新意识、创新思维、创新技能及创新品质。

(2)创业的本质是创新。在创业过程中,新产品的开发,新材料的采用,新市场的开拓,新管理模式的推行,都需要创新思维做先导。只有日益更新,一个企业才能从激烈的市场竞争中脱颖而出。

> **名人名言**
> 创新是企业家精神的灵魂。
> ——约瑟夫·熊彼特

(3)创业推动并深化创新。创业可以推动新发明、新产品和新服务的不断涌现,创造出新的市场需求,从而进一步推动和深化各方面的创新,因而也就提高了企业和国家的创新能力,推动经济的增长。

只有坚持创业,经济才能发展,只有坚持创新,才能与时俱进,永葆活力。只讲创业不讲创新,就只是鲁莽草率,违背科学的发展观;只讲创新,要想创好业,使企业永保可持续发展的生命力,就必须以创新为基础,没有创新的企业只能是昙花一现,好景不长。

1902年,福特汽车公司成立,推出了福特设计的第一批产品,一种既实用又便宜的车型,售价仅为850美元。1905年,福特公司每季度的销售量达到5000辆,成为同行业中的佼佼者。1906年,福特公司推出了8种车型,其中,售价最低的为1000美元,最高为2000美元,这一决策带来了灾难性的后果,销量骤然下降,迫使福特公司重新转向"薄利多销"的营销模式,1906年到1907年间,福特车的顾客之多是前所未有的。1908年,福特做出了一个划时代的决策,宣布从此致力于生产标准化,只制造较低廉的单一品种,福特开发了一款新产品——T形车。1901年。重新进行部件车间的布局,建立生产流水线。1913年,采用传送带供应,实现了在93分钟内从无到有地组装成一辆汽车。1920年,实现每分钟组装一辆汽车。1925年,创造每10秒组装一辆汽车的纪录。到20世纪50年代,福特汽车公司成为当时世界上最大的汽车公司,日产汽车9000辆。

> 启迪
>
> 没有创新思维与创新决策,就无法开创新的事业;没有创业实践,创新意识就无法转化为新的产品。

三、创业者的素质

创业是极具挑战性的社会活动,是对创业者自身智慧、能力、气魄、胆识的全方位考验。一个人要想创业成功,必须具备基本的创业素质。

(一)良好的思想道德素质

创业者必须有优良的道德品质和良好的职业道德。创业者要自觉接受社会公德和职业道德的约束,文明经商、诚实经营、互助互利。当个人利益与法律和社会公德相冲突时,要能克制个人欲望,约束自己的行为。

(二)积极健康的心理素质

1. 独立思考、判断、选择、行动的心理品质

创业可为社会积累物质财富和精神财富,是谋生和立业的方法之一。创业者首先要学会独立思考,独立思考是创业者最基本的个性品质,这种品质主要体现在:一是自主抉择,即在选择人生道路、选择创业目标时,有自己的见解和主张;二是行动上很少受他人影响和支配,能按自己的主张将决策贯彻到底;三是行为独创,能够开拓创新,不因循守旧,步人后尘。

当然,我们提倡创业者具有独立性的人格,但这种独立性并不是孤独,也不是孤僻,因为,创业活动尽管是个体的实践活动,但其本质是社会性的活动,在人与人之间的交往、配合、协调中发生、发展并且取得成功。因此,创业者应在具有独立性品质的同时,还应具有善于交流、合作的心理品质。

2. 敢于行动、敢冒风险、敢于拼搏、勇于承担行为后果的心理品质

创业,机会与风险共存,且创业的范围和规模越大,取得成就越大,伴随的风险也就越大,需要承受风险的心理负担也越大。创业,必须敢闯敢干,只有瞄准目标,判断有据,方法得当,就应敢于实践,敢冒风险。创业还要具备评估风险程度的能力,具有驾驭风险的有效方法和策略。

3. 敢于克服盲目冲动和私利欲望的心理品质

创业者要善于克服盲目冲动,使自己的活动始终在正确的轨道上进行,不能因一时冲动而引起缺乏理智的行为。创业者在创业过程中要自觉接受法律的约束,合法创业、合法经营、依法行事;自觉接受社会公德和职业道德的约束,文明经商、诚实经营、互助互利。当个人利益与法律和社会公德相冲突时,要能克制个人欲望,约束自己的行为。创业者要自觉接受法律、社会公德和职业道德的约束。当个人利益与法律、社会公德相冲突时,要能克制个人欲望,约束自己的行为。

4. 坚持不懈、不屈不挠、顽强努力的心理品质

创业者需要具有百折不挠、坚持不懈的毅力和意志,能够根据市场的需要和变化,确定正确而令人奋进的目标,并带领员工战胜逆境,实现目标。创业者必须保持一颗持之以恒的进取心,三心二意,知难而退或虎头蛇尾,见异思迁,终将一事无成。成功需要经验积累,创业的过程就是在不断的失败中跌打滚爬。只有在失败中不断积累经验财富,坚持不懈,才有可能达到成功的彼岸。

5. 善于自我调节、适应性强的心理品质

"水因地而制流,兵因敌而制胜。故兵无常势,水无常形;能因敌变化而取胜者,谓之神。"

面对市场的变化多端,竞争激烈,创业者能否因客观变化而"动",灵活适应变化,成为创业成功的关键所在。善于进行自我调节,还应做到"胜不骄,败不馁"。

良好的创业心态,是每个创业者理智步入成熟、走向成功的基础。成功而不得意忘形,遇挫折而不慌乱,这些都是创业者保持良好心态的准则。

(三)相应的专业素质

专业能力素质是创业者掌握和运用专业知识进行专业生产的能力。专业技术能力的形成有多种途径:一是在学校里从书本上学到的理论知识;二是从创业成功人士的案例中学习;三是在实际操作中获得专业能力素质。同时,对于中职学生而言,在现有的教学模式下,中职学生所掌握的并不一定是最先进的技术,所以,在学校中,应当注意技创新。

(四)必备的创业能力

创业能力往往影响创业活动的效率和创业的成功。创业能力能使人们主动适应复杂多变的周边环境,通过持续的创新思维和创新实践,适时调整创业中的竞争策略,进一步提高决策能力,促进企业健康成长。

(1)学习能力:创业者要具有超强的学习能力,随时准备更新自己的知识与信息库,才不会被淘汰。

(2)创新能力:创业实际是充满创新的事业,所以创业者须具备创新的能力,无思维定势,会根据客观情况变化,提出新的目标。创新对于创业成功至关重要。

(3)领导决策能力:一个创业者应该是一个领导决策者,他需要有号召力和纵览大局的能力。

(4)管理能力:创业条件中资金不是至关重要的,最重要的是创业者要有经营管理能力,涉及人员的选择、组合优化,也涉及核算、分配、使用、流动。同时也要做到知人善用。

(5)社交能力:交往、沟通,可以排除障碍,化解矛盾,降低工作难度,增加信任度,有助于创业的发展。

(6)领导决策能力:领导决策能力是一个人综合能力的表现。一个创业者首先要成为一个领导决策者,他如同战场上的指挥员,要具有感召力、决策力以及统揽全局和明察秋毫的能力。

以上六个方面的创业素质中,每一项基本素质均有其独特的地位与功能,任何一个要素都会影响其他要素的形成与发展。

(五)良好的身体素质

在创业过程中可能会遇到各种各样的困难和挫折,可能出现意想不到的问题,创业者要有充分的心理准备,要有吃苦的心理准备,要有困难和挫折的心理准备,要有失败的心理准备,这样才能在遇到挫折困难时泰然处之,渡过难关,到达理想的彼岸。

活动名称:自知之明。

活动目的:通过测试,让学生对自己的心理素质、道德素质、专业素质有所了解。

活动规则:

(1)附录一是《创业者素质评估表》。参照各表中所列评估内容,学生根据自我判断给自己做评估,在相应空格内打"√"。

(2)在进行自我评价的时候请诚实填写。

(3)自我测试后,请你的同学或朋友利用上面的表格再对你进行一次评价,比较两次评价的结果,客观、准确地评价你的创业素质。

活动要求:填写《创业者素质评估表》(见附录一)。

你在评估表中所提到的比较薄弱的地方可以提高吗?如何提高?

四、中职学生创业能力的培养

许多人都觉得中职学生创业如天方夜谭,觉得中职学生社会经验缺乏,没有好的投资项目,也缺少资金。但是中职学生在学校接受过专业知识的教育训练,培养了过硬的专业技术,在学校的时候,也通过学习了解过所将从事的行业对人才的基本要求,这些都为中职学生创业做了很好的铺垫。

小马初中毕业后没有考上高中,想学一门技术,于是他选中了四川交通运输学校学习汽修。在学校里,他刻苦学习,积极参加各类比赛,提升自己的维修技能,学习两年之后,他最终取得了全省维修比赛第一名、全国维修比赛中职组第三名的好成绩。

2006年从学校毕业以后,很多同学都选择4s店和汽车维修厂工作,但是小马想自己开一家维修店,可是谈何容易,在大城市开店,资金和人脉都成问题。他回到老家,向父母借了十万元,加上自己勤工俭学和比赛积攒的几万元作资金,在镇上开了一间规模很小的汽车维修店。最初几个月,小店铺冷冷清清。他的父母劝他关门,去找一份汽车维修的工作,他觉得自己维修技术好,收费低,态度好,大家一定会对他的店铺刮目相看的。果不其然,在他的坚持和努力下,店铺生意慢慢地好转起来。

2016年春节,有人开着一辆玛莎拉蒂去他的店铺,要求他给这辆车换空调过滤器滤芯,由于他以前没有保养过这个牌子的车,所以他一时不知道空调过滤器滤芯的具体位置,车主也不知道。最终通过咨询和仔细检查,找到了滤芯,并进行更换。车主对他的服务态度赞不绝口,并且给他介绍了很多业务。

小马的生意日渐好起来,但他无论多忙,都始终保持学习热情,白天修车,晚上就研究各种车辆的维修技能,他把维修技能和实践相结合,使技术达到了炉火纯青的地步。他还引用欧洲的学徒制,培养了一批优秀的学徒,不仅教他们如何修车,还教他们如何管理汽修厂,鼓励他们参加各种汽车维修竞赛。

创业十年后,小马已经把他的汽修厂从镇上开到了省上。他培养的学徒纷纷被派遣到各个分厂,他的学徒又培养新的学徒,他希望有一天可以将汽修连锁开到全国。

模块八　创新与创业

想一想

(1) 小马创业靠的是什么？
(2) 小马在创业的时候遇到了什么挫折？他是怎么克服的？
(3) 小马是如何赢得客户的？
(4) 在小马的创业过程中,有哪些优秀的品质值得我们学习？

启迪

无论你以后准备就业还是创业,都应该有创业意识。创业意识激励着人们在学习和工作中奋发向上。

创业是一条漫长而艰辛的道路,成功与否,除了与创业资金、创业机会有关外,还与创业理念、创业方法、创业者的能力息息相关。

创业能力,是指在一定的条件下,人们发现和捕获商机,将各种资源组合起来并创造出更大价值的能力,即潜在的创业者将自己的创业设想成为变为现实的能力。创业成功与否取决于创业者创业能力的高低。同样的环境下,创业能力越强的人抓住机会,成功创业的可能性越大。只要掌握提升创业素质的方法,并有意识地去练习,就会渐渐地提高自身的创业素质。

中职学生创业能力的培养,可从以下三方面着手：

1. 培养自信心

坚强的自信是成功的源泉。与金钱、势力、出身、亲友相比,自信是更有力量的东西,是人们从事任何事业最可靠的资本。

提升自己自信心的方式有很多,如：发现自己的优点,经过他人肯定和自我确认优点,能够家帮助他人渐渐树立自信心；拥有一技之长,通过学习掌握一项技能,不仅锻炼了自己的学习能力,也能让自己在面对不了解的事物时,依旧充满自信；敢于表现自己,自卑的人喜欢把自己"藏"在人群中,恨不得所有人都不要注意自己。想要变得自信,就要让更多的人注意你,在公众场合尽量坐到前排,在讨论问题的时候尽量发表自己的观点；长期积累知识。自信源于知识的积累,不断地提升自己的学识,总有一天你会无比自信。

> **名人名言**
> 世界上最快乐的事,莫过于为理想而奋斗的事。
> ——苏格拉底

2. 培养强烈的进取心

任何一个进取的人都是一个有理想的人,任何一个成功者心中都有一个伟大的梦想。理想驱动着他们前进,理想让他们不畏艰难,理想让他们敢于挑战权威,理想让他们敢于创造一般人不敢创造的奇迹。

3. 提升专业素质

在现实社会中,如果没有专业特长,想要取得创业成功,会有极大的难度。所以,我们要提高自己的专业能力。培养专业能力要做到以下几点:①喜爱自己所选择的专业,并努力学好专业知识,为创业打好理论基础;②在实践中不断提高专业技能。

模块总结

创新创业能力是新时代对青年人提出的新要求,青年时期正是创新创业的关键期,中职毕业生虽然实战经验不足,但活力和精力是优势;层出不穷的新思路、新办法,可在一定程度上弥补创新创业资金不足的劣势。提高创新与创业能力不仅是国家和社会的需要,更应当转化为当代中职学生的自身需求。

拓展练习

1. 编故事

每一小组需要依次用到以下词语:

(1)牛奶、买车、笑话、风车、走路、学习、买花、玩笑。

(2)走路、爸爸、油菜花、大公司、晴天、下雨、吃饭、玩耍、洗澡。

(3)关心、美好、创业、刮风下雨、门板、吹牛、衣服、睡觉。

2. 创业人物访谈

以小组为单位进行创业人物生涯访谈,具体操作步骤如下:

(1) 3~5人一组,每组选出一个负责人。

(2)自行确定访谈对象2~3人。

(3)拟定访谈提纲,内容包括创业者的教育背景、成长环境、创业动机、创业历程、创业心得。

(4)访谈结束后,每组撰写一份访谈报告,分析创业者的创业动机、创业成功的因素以及从他们身上获得的启发。

(5)将报告内容制成PPT,在课堂上以小组为单位进行交流汇报。

附录一　创业者素质评估表

专业能力素质评估　　　　　　　　　　　　　　　　　　　　　　　　附表1-1

评 估 内 容	优　　势	劣　　势
掌握一定的专业技术知识		
具有经营企业所需要的知识		
较为丰富的行业相关知识		
能够将所学知识应用于实践		

必备的创业能力评估　　　　　　　　　　　　　　　　　　　　　　　附表1-2

评 估 内 容	优　　势	劣　　势
善于沟通、能够和他人合作		
持续学习,终生学习		
讲求诚信,说到做到		
具有领导力,能够有效领导团队,激励同伴		

身心素质评估　　　　　　　　　　　　　　　　　　　　　　　　　　附表1-3

评 估 内 容	优　　势	劣　　势
具有健康的体魄和充沛的精力		
充满自信,坚持信仰如一		
敢于承担风险		
具有百折不挠、坚持不懈的毅力和意志		
敢于实践、敢冒风险		
善于独立思考、独立工作		
能够灵活适应各种变化		

注:如果在此评估表中的优势多,说明创业素质较高;如果劣势多,说明目前存在短板,需要有针对性地进行训练,提升相应的能力。

附录二　国际标准情商测试题

第1~9题:请从下面的问题中选择一个与自己最契合的答案。

1. 我有能力克服各种困难:_____
   A. 是的　　　　　B. 不一定　　　　　C. 不是的

2. 如果我能到一个新的环境,我要把生活安排得:_____
   A. 和从前相仿　　B. 不一定　　　　　C. 和从前不一样

3. 一生中,我觉得能达到自己所预想的目标:_____
   A. 是的　　　　　B. 不一定　　　　　C. 不是的

4. 不知为什么,有些人总是回避或冷淡我:_____
   A. 不是的　　　　B. 不一定　　　　　C. 是的

5. 在大街上,我常常避开我不愿打招呼的人:_____
   A. 从未如此　　　B. 偶尔如此　　　　C. 有时如此

6. 当我集中精力工作时,假使有人在旁边高谈阔论:_____
   A. 我仍能专心工作　B. 介于A、C之间　C. 我不能专心且感到愤怒

7. 我不论到什么地方,都能清楚地辨别方向:_____
   A. 是的　　　　　B. 不一定　　　　　C. 不是的

8. 我热爱所学的专业和所从事的工作:_____
   A. 是的　　　　　B. 不一定　　　　　C. 不是的

9. 气候的变化不会影响我的情绪:_____
   A. 是的　　　　　B. 介于A、C之间　　C. 不是的

第10~16题:请如实选答下列问题,将答案填入右边横线处。

10. 我从不因流言蜚语而生气:_____
    A. 是的　　　　　B. 介于A、C之间　　C. 不是的

11. 我善于控制自己的面部表情:_____
    A. 是的　　　　　B. 不太确定　　　　C. 不是的

12. 在就寝时,我常常:_____
    A. 极易入睡　　　B. 介于A、C之间　　C. 不易入睡

13. 有人侵扰我时,我:_____
    A. 不露声色　　　B. 介于A、C之间　　C. 大声抗议,以泄己愤

14. 在和人争辩或工作出现失误后,我常常感到震颤,精疲力竭,而不能继续安心工作:_____
    A. 不是的   B. 介于A、C之间   C. 是的

15. 我常常被一些无谓的小事困扰:_____
    A. 不是的   B. 介于A、C之间   C. 是的

16. 我宁愿住在僻静的郊区,也不愿住在嘈杂的市区:_____
    A. 不是的   B. 不太确定   C. 是的

第17~25题:在下面问题中,每题选择一个和自己最契合的答案。

17. 我被朋友、同事起过绰号、挖苦过:_____
    A. 从来没有   B. 偶尔有过   C. 这是常有的事

18. 有一种食物使我吃后呕吐:_____
    A. 没有   B. 记不清   C. 有

19. 除去看见的世界外,我的心中没有另外的世界:_____
    A. 没有   B. 记不清   C. 有

20. 我会想到若干年后有什么使自己极为不安的事:_____
    A. 从来没有想过   B. 偶尔想到过   C. 经常想到

21. 我常常觉得自己的家庭对自己不好,但是我又确切地知道家庭成员的确对我好:_____
    A. 否   B. 说不清楚   C. 是

22. 每天我一回家就立刻把门关上:_____
    A. 否   B. 不清楚   C. 是

23. 我坐在小房间里把门关上,但我仍觉得心里不安:_____
    A. 否   B. 偶尔是   C. 是

24. 当一件事需要我作决定时,我常觉得很难:_____
    A. 否   B. 偶尔是   C. 是

25. 我常常用抛硬币、翻纸、抽签之类的游戏来预测凶吉:_____
    A. 否   B. 偶尔是   C. 是

第26~29题:请按实际情况如实回答,仅须回答"是"或"否"即可,在选择的答案后打"√"。

26. 为了工作我早出晚归,早晨起床我常常感到疲惫不堪:
    是_____否_____

27. 在某种心境下,我会因为困惑陷入空想,将工作搁置下来:
    是_____否_____

28. 我的神经脆弱,稍有刺激就会使我战栗:

是_____否_____

29. 睡梦中,我常常被噩梦惊醒:

是_____否_____

第30~33题:每个测试题有5种选项,请选择与自己最契合的答案,在选择的答案下打"√"。

不同程度对应分值如下:

1	2	3	4	5
从不	几乎不	一半时间	大多数时间	总是

30. 工作中我愿意挑战艰巨的任务。　1　2　3　4　5
31. 我常发现别人好的意愿。　1　2　3　4　5
32. 能听取不同的意见,包括对自己的批评。　1　2　3　4　5
33. 我时常勉励自己,对未来充满希望。　1　2　3　4　5

参考答案及计分评估

计分时请按照记分标准,先计算出各部分得分,最后将各部分得分相加,得到最终得分。

第1~9题,每回答一个A得6分,回答一个B得3分,回答一个C得0分。计_____分。

第10~16题,每回答一个A得5分,回答一个B得2分,回答一个C得0分。计_____分。

第17~25题,每回答一个A得5分,回答一个B得2分,回答一个C得0分。计_____分。

第26~29题,每回答一个"是"得0分,回答一个"否"得5分。计_____分。

第30~33题,从左至右分数分别为1分、2分、3分、4分、5分。计_____分。

总计为_____分。

90分以下:EQ较低,常常不能控制自己,极易被自己的情绪所影响。很多时候,容易被激怒而动火、发脾气,这是非常危险的信号——你的事业可能会毁于你的急躁,对于此,最好的解决办法是能够给不好的东西一个好的解释,保持头脑冷静,使自己心情开朗,正如富兰克林所说:"任何人生气都是有理的,但很少有令人信服的理由。"

90~129分:EQ一般,对于一件事,不同时候的表现可能不一,这与你的意识有关,你比前者更具有EQ意识,但这种意识不是常常都有,因此需要你多加注意、时时提醒。

130~149分:EQ较高,是一个快乐的人,不易恐惧担忧,对于工作你热情投入、敢于负责,为人更是正义正直、同情关怀,这是你的优点,应该努力保持。

150分以上:EQ高手,你的情绪智慧不但是你事业的助力,更是你事业有成的一个重要前提条件。

参 考 文 献

[1] 张莹. 如何进行职业生涯规划与管理[M]. 北京:北京大学出版社,2006.

[2] 崔生祥. 全国职工素质教育读本[M]. 北京:中国商业出版社,2012.

[3] 潘竟贤,蒋芸. 你该如何工作[M]. 北京:机械工业出版社,2010.

[4] 许琼林. 职业素养[M]. 北京:清华大学出版社,2016.

[5] 商振. 职业精神[M]. 北京:电子工业出版社,2005.

[6] 冯丽萍. 职业生涯规划活动指引[M]. 北京:中国人民大学出版社,2016.

[7] 丁小红. 中职生"创业创新"教育探究[J]. 职业,2016.

[8] 彭健伯. 创新哲学论[M]. 北京:人民出版社,2006.

[9] 许湘岳. 陈留彬. 职业素养教程.[M]. 北京:人民出版社,2014.

[10] 高建秀. 中职学生实用礼仪.[M]. 青岛:中国书籍出版社,2013.

[11] 李笑来. 把时间当作朋友[M]. 北京:电子工业出版社,2013.